智元微库
OPEN MIND

成 长 也 是 一 种 美 好

挣脱母爱的束缚

母女关系中的
伤痛与疗愈

于玲娜 著

人民邮电出版社
北京

图书在版编目（ＣＩＰ）数据

挣脱母爱的束缚 ：母女关系中的伤痛与疗愈 / 于玲娜著. —— 北京 ：人民邮电出版社，2022.4（2024.5重印）
ISBN 978-7-115-58262-1

Ⅰ．①挣… Ⅱ．①于… Ⅲ．①母亲－亲子关系－研究
Ⅳ．①B843

中国版本图书馆CIP数据核字(2021)第261635号

◆ 著 于玲娜
责任编辑 陈素然
责任印制 周昇亮
◆人民邮电出版社出版发行 北京市丰台区成寿寺路 11 号
邮编 100164 电子邮件 315@ptpress.com.cn
网址 https://www.ptpress.com.cn
天津千鹤文化传播有限公司印刷
◆ 开本：880×1230 1/32
印张：7 2022 年 4 月第 1 版
字数：150 千字 2024 年 5 月天津第 4 次印刷

定 价：59.80 元
读者服务热线：（010）67630125 印装质量热线：（010）81055316
反盗版热线：（010）81055315
广告经营许可证：京东市监广登字 20170147号

推荐序

女性觉醒自助书

之所以向大家推荐于玲娜老师的这本《挣脱母爱的束缚》，是因为这本书给出了清晰的"使用说明"，让"挣脱母爱的束缚，走向和解与疗愈"不再是一句空话，而是真的化作可以落地的行动。

作为亲密关系咨询师，我的来访者以女性居多，我经常半开玩笑地说，很多婚姻中最核心的问题是，很多男性的成长速度远远跟不上女性的觉醒速度。确实，很多女性都在积极地寻求自我成长与高质量的亲密关系，不过往往被一个核心困境卡住 —— 与母亲的和解。

我给不少与自己的母亲相爱相杀的来访者推荐过《母爱的羁绊》，很多来访者都说受益匪浅，但是对于如何挣脱母爱的束缚，她们还是有些茫然。

我认为《挣脱母爱的束缚》可以成为深入地面对母爱羁绊并走向和解的实用型心理自助书。

正如作者自己介绍的，"本书用了大量的篇幅去理解和描述问题，只用了较小的篇幅提建议"。原因是"来访者真正的成长，往往是源于对自己有了更深刻、更持久的了解，而不是从咨询师那里获得什么有特效的建议"。

这与我的咨询经验非常吻合。我经常说，心理咨询的目的不是解决一个问题（solve a problem），而是创造更多的解法（create more solutions）。这取决于我们对问题背后本质的认知深度和思维的开阔程度，当然，还有心灵的弹性。而这些都需要我们能够跳脱二元对立，更为理性、客观地看待自己与母亲的关系。

本书还有一点特别吸引我 —— 作者给出的四点使用建议。从记录、书写到疗愈，这就是非常经典的书写疗愈过程。

我也经常会引导很多女性来访者尝试给自己的母亲写一封信，通过自由表达自己的情感，包括委屈、伤心、愤怒、恐惧、无助等，唤醒曾经和母亲相处的最初记忆，当然，也包括对温馨互动与感恩的表达。在表达的过程中，我们其实也在尝试看见与疗愈自己受伤的内在小孩，这本书无疑就是通过对典型母女关系问题深入系统的梳理与呈现，带领我们一起找回失落的记忆。

当然，疗愈的过程并不是一蹴而就的。不妨慢一点，跟随作者的指引，一点一点地去抚平因为母爱的束缚而受的伤害，最终实现与自己和解。

祝福你!

亲密关系咨询师

陈历杰

序言

女性成长，从反思母爱的束缚开始

越来越多的女性意识到，自己成年以后的性格、亲密关系、人际关系模式甚至学业和职场表现，都常常受到童年经历和原生家庭的影响。她们开始关注自我成长，不断探索自我，疗愈内心创伤。

在寻求心理咨询的人中，女性所占比例大于男性。女性比男性更容易受到心理问题困扰的原因复杂而广泛。如果从原生家庭的角度看，女性的精神痛苦很多都源于和母亲的关系。

大部分寻求心理咨询的女性，起初并没有期待在咨询室里谈论自己的母亲。她们深受困扰的问题大多是各种难以承受的负面情绪和躯体症状，如抑郁、焦虑、恐惧、强迫倾向、被害妄想等；或者是让人失望的伴侣关系，如争吵、冷战、出轨等；或者是育儿过程的心理困难，如对孩子期待高、没耐心、伤害孩子的想法等；或者是和上司、同事、家人的关系紧张，比如辛苦付出却不被认可，难以抑制又无法表达愤怒，和长辈相处不快……

如果谈到母亲，她们可能会轻描淡写地转移话题："我妈妈？她对我挺好的，我们之间没什么问题。"然后，她们会继续谈论她们不健康的情绪和身体、不负责任的丈夫、麻烦的孩子、索求无度的上司、自私的婆婆等。

对很多女性来说，谈论母亲对自己的伤害，本身就是个禁忌，这会令她们感到不安，觉得母亲为自己付出了那么多，自己不该谈论母亲的不是，甚至不该去想这个问题。

但随着咨询的推进，她们对当前的困扰不断抽丝剥茧、寻根溯源，逐渐揭晓的答案往往都会指向和母亲的互动。

- 常年的抑郁心境有时来源于一直没能从母亲那里得到足够的关注和回应。

- 一再容忍伴侣的家暴，不仅是因为自己的父亲有家暴倾向，更是因为内化了母亲在父亲面前一味隐忍的态度。

- 对一两岁孩子的哭闹很不耐烦，可能是因为自己儿时哭闹时没有得到母亲的安抚，由此留下的潜意识创伤在此时被激活了。

- 工作上承担责任太多却总感觉得不到上司的认可，有时是因为自己获得母亲关注的方式就是努力做事取悦她。

- 觉得婆婆对自己不好，有时是因为将自己压抑的对母亲的需求、不满和失望投射到了婆婆身上。

意识到这些，会让我们更容易理解和接纳自己，从而更有能力主动做出选择，掌控自己的生活。

谈论母亲给女儿带来的伤害，并不是为了评判母亲，指责她、报复她，而是为了让我们更了解自身痛苦的根源，改善我们的身心状态，真正实现人格独立和自我成长。

当然，父亲也会影响女儿的人格，同时母亲也在很大程度上影响了儿子的人格，很多图书已经用"亲子关系"这个概念概括了母女、母子、父女、父子四种关系，并讨论了"原生家庭对人格的影响"。那么，为什么还要把"母女关系"单独提出来讨论呢？

2021 年母亲节时，为了给我的心理咨询工作室准备一些庆祝母亲节的文案素材，我用"母亲节"三个字在网上搜索图片，找到了海量的母亲节配图，同时得到一个有趣的发现，我数了前 100 张表现其他人为母亲庆祝节日的配图。

- 其中 15 张图，是母亲和儿子在一起；

- 其中 12 张图，是母亲和一个看不出性别的婴儿在一起；

- 其中 5 张图，母亲身边既有儿子也有女儿；

- 其中 2 张图，母亲身边环绕着一家老小；

- 其中 1 张图，母亲身边的人是父亲；

- 另外 65 张图，都是母亲和女儿在一起。

这个数据让你感到惊讶吗？背后的原因无法用三言两语简单概括，但如果你有耐心读完这本书，就不会感到惊讶了。你会发现，和其他三组亲子关系相比，母女关系十分独特，这份关系对女性的一生都有深远影响。

本书就试图帮助女性朋友们回顾、反思、梳理自己和母亲的关系，识别其中的消极影响，走出母女关系的创伤阴影，为自己打开新的成长空间。

怎样使用本书

在进入正式讨论之前，我想对下面几个问题略作澄清，也许会对你有所帮助。

"原来不健康的母女关系只有这么几类！那是不是只要我确认了自己和母亲的关系属于哪一类，只读相关内容就可以了呢？"

当然不是。读这本书时，你和母亲的亲密关系可能已经持续了几十年。在这个过程中，你和母亲的性格或多或少都发生了一些变化，而生活带给你们的挑战也在不断变化。

有的母亲年轻时比较自恋、任性，容易和女儿形成嫉妒和竞争的关系，到了中年，性格渐渐成熟、沉稳起来，更能付出无私的爱；有的母亲年轻时家境优渥、生活轻松，对女儿也比较宽容有爱，到了中年，经历了生活的变故和打击，则可能变得脾气暴躁、性格乖戾；更多的母亲是早年生活拮据，对女儿各方面的需求常有忽视和过度限制，在女儿长大后，自己更有能力和意愿支持女儿。

有的女儿在婴幼儿时期和父母关系较好，成长环境还算健康，但到了少年时代，父母离异，和满腹牢骚的母亲生活在一起，性格变得内向压抑；有的女儿则在成长初期受到父亲的虐待，活得很痛苦，后来母亲和父亲离婚，就过上了相对健康的生活。

我们和母亲的关系，是几十年互动的累积和叠加而成的。很多母女关系是多种情感模式的复合体，每个阶段的成分和配比都不一样。

当你开始认真反思自己和母亲的关系时，可能会很快发现一种占据优势的情感模式，但最好不要止步于此。如果继续探索，也许还会发现别的模式，其中一些模式只是你们关系的一段小插曲，还有一些模式，虽不起眼却影响深远。

如果能把这个复合体几十年来的演变过程描述清楚，你就能更接近自己和母亲的关系的真实情况。

"我不想知道'为什么'，我就想知道'怎么做'。"

我们所处的时代非常注重结果和效率，甚至有些"急功近利"。带着这种习惯去寻求心理咨询时，常常会产生这样的想法："我不想知道过去发生了什么，也没有兴趣知道为什么发生。事情已经过去，是无法改变的，我只想知道现在该怎么办。我只想尽快解决问题，因为我还有很多事要做。"

一些心理学咨询师也会迎合这种需求，拒绝讨论来访者的过去，而是提供各种"短程""高效""迅速"的解决方案。其结果往往是，来访者发现自己的问题并没有得到解决，甚至陷入更深的无力感之中。

从心理动力学的角度看，"不想谈论过去"，这种想法背后常常是对痛苦的防御。去理解发生了什么会让人感觉太痛苦，为了回避痛苦，有的来访者会要求心理咨询师给出一个不会痛苦的解决方案。其实，有效的心理咨询，不是避开过去造成的痛苦，而是承载、消化和穿越它们。

本书用了大量篇幅去理解和描述问题，而用了比较小的篇幅提建议。这和我在咨询中的工作经验是吻合的：来访者的真正成长，往往是因为（或伴随着）对自己更深刻、更持久的理解，而极少是因为从咨询师这里获得了什么有特效的建议。

在尝试理解过去的经历时，可能会涌出很多负面情绪和痛苦，为了帮你更好地承载和消化这些负面情绪和痛苦，我有以下建议。

① 选择一个稳定、安静、放松、私密的环境，放下手机，用半小时以上的整块时间来阅读。这样的空间，有助于你放下防御，打开心灵，去接受这本书可能带给你的触动。

② 可以在旁边准备一本笔记本，当你受到触动时，及时把你的想法和感受记录下来。（不建议记在手机上，因为手机信息会干扰你。）

③ 跟随心灵的触动，去感受、回忆、表达。在阅读本书时，你可能被一个词、一句话、一张图片所触动，它是一条线索，可以把你带到感受层面，带到记忆深处，带到过去那些没有得到了结的事件里。你可以试着跟随它、体验它、描绘它。有时你可能会受到一种感召，要把某些东西表达出来，那就去表达，写一个故事、画一幅画、找个没人的地方嘶喊出来都可以。如果这个触动引起你幻想未来或不可能发生的事情，你可以去幻想，但要保持觉察：这只是过去的延伸和投射，要想发生真正的改变，最终还需要回到过去。

④ 让情绪自由流动。悲伤，就大哭一场；快乐，就放声大笑；无力，就安静地躺着；挫败时，不要着急让自己振作起来；难过时，不要强忍眼泪；愤怒时，不要压抑自己……试着去"承受"每一种情绪，就像大地承受每一场雨雪。生命活力的萌发，常常出现在雨雪过后的一段时间里，短则几个小时，长则几个星期。

"这本书可以帮我改变和母亲的关系吗？如果我的母亲已经去世了，这本书还有什么意义？"

关系是两个人的共舞，我们可以调整自己的舞步，但对方不一定会跟过来。母女关系能不能改变，除了你的努力，还取决于很多复杂的因素。

不过这本书的主要目的并不是改变你和母亲的关系，而在于帮你反思和母亲的关系，消除她留给你的不良影响，走出她对你的限制，更自由地过好自己的人生。

"母亲毕竟养育了我，去分析她对我的消极影响或伤害，有什么意义吗？发生过的事情难道可以改变吗？我不能和外人一起指责她，这太让人内疚了。"

我的一位女性朋友艾米告诉我，10 年前她读了《母爱的羁绊》这本书，书里讲的是有自恋情结的母亲对女儿造成的负面影响。当时她觉得书里的情况跟自己一点关系都没有，她认为自己有个好妈妈，自己的妈妈并不自恋。最近她重读了这本书，才突然发现自己的妈妈跟书里写的妈妈一模一样，而她本人的很多心理问题也的确是妈妈的自恋倾向导致的。艾米认为，10 年前自己之所以看不到这一点，是因为她当时不能容忍自己有这方面的念头，就好像脑子里有个"思想警察"，自己一冒出"妈妈不好"这样的念头，就会自动地把它屏蔽掉。

母亲对我们的消极影响并不会因为我们回避它或不承认它而自动消失。相反，越是我们压抑的、不肯承认的东西，越会在无形中控制我们。就像心理学家卡尔·古斯塔夫·荣格（Carl Gustar Jung）说的："我们意识不到的事物，构成了我们的命运。"这就好比我们开车行驶在山路上，如果我们的车子的刹车坏了，而我们并不知道，那么我们就会不可避免地遇到灾难；而如果我们上路之前发现刹车坏了，把刹车修好，灾难就可以避免。正视母女关系中的问题，就是对我们的车子进行一次细致的检修。

正视母女之间的问题，并不是为了批判或惩罚谁，而是为了让我们都能放下心理包袱，解放情感，更好、更安全地上路，开启更美好、更稳健的人生旅程。

在这一过程中，你可能会对母亲产生各种负面情绪，但另一个声音又紧紧束缚着你："我不能这样对待自己的母亲！"

你可能会认为，强烈的负面情绪是你和母亲关系中的一个"异物"，在你的记忆里它从来没有出现过，在你的想象中它也不应该出现，而后面那个"理智"的声音才是"正常"的。

其实恰好相反，这个想法才是你和母亲的关系中不健康的一面，它正是问题本身。

在健康的亲子关系中，孩子在成长过程中对父母怀有负面情绪时会以不同的方式表达出来，比如有的孩子吃奶不顺利时哭闹踢抓，心情不好时乱扔东西，父母不给自己买喜欢的玩具就大发脾气，等等。这些都是为人父母需要承受的，这些负面情绪一旦被接纳，就会随着孩子的成长逐渐减少，直到某一天父母发现：孩子变得懂事了。

如果父母由于生活压力或自身的心理问题无法承受孩子的负面情绪，就会告诉孩子"这是不对的""不应该出现"，要求孩子自己压抑和控制这些情绪，孩子就会难过、隐忍，最终认同，并将之变成自我要求，从而留下心理健康隐疾。

我们需要接纳这些负面情绪，尝试打开一个"内在空间"：在这个"内在空间"里，存在任何情绪都是被允许的，可以自由地体验、观察和反思任何情绪。

这种允许情绪存在并能自由地体验和反思情绪，正是心灵成长的基础。

"健康的母女关系究竟是怎样的？"

虽然这个问题并没有标准答案，但在我们内心的隐秘角落，或许还是会对母女关系有理想化的期待，比如大家可能会期待：

- 母亲是善良的，她从女儿诞生的那一刻起，就深爱着女儿；

- 女儿是纯洁无瑕的，她沐浴在母爱中，心中充满幸福，用她的微笑和爱回报母亲；

- 母亲和女儿亲切、耐心地交流，她们彼此欣赏，享受在一起的时光；

- 家庭的其他成员，如父亲、爷爷奶奶、其他兄弟姐妹都会保护和支持母女之间的良好关系。

这样的场景即使存在，也不可能是永恒的，生活中总难免会有冲突。

好的关系，就是带着诚意真实地表达，解决一个接一个的问题，修复关系中的裂痕，让关系慢慢变得更深厚，更值得信赖，更经得起风吹雨打。好的关系，不是某种特定的形态，而是这个过程本身。

目录

Contents

第一章

母女关系的独特之处

母女关系的独特之处，植根于女性独特的生活方式和心理模式。女性和男性在各方面存在不同，而这些不同在母女关系中又常常被放大，这给母女关系染上了一层不同于母子、父女、父子关系的色调。

本章将从下面四个维度讨论两性心理的不同，以说明为什么很有必要对母女关系进行单独讨论。

- 女性的身体意识

- 女性的空间感

- 女性的时间感

- 母职的传承

需要事先澄清的是，两性差异是个相对的概念，任何一个关于两性差异的论断，都很容易找出反例。一切都不是绝对的。作为心理咨询师的我，对母女关系的认识，除了通过书本和同行之间的交流，主要来自和我建立中长期咨询关系的上百位女性所讲述的经历和情感体验，这就是我的样本。在两性差异这样一个几乎没有边际的话题上，我的观察可能无法完全对应你的体验。但这也许就是心理咨询师的"眼界"：我们的目光总是落在有"问题"的地方，而不是所谓"全貌"。

如果你读到一些描述时忍不住感慨："啊，我可没听说过／见过／经历过这种事！"那不妨反过来想：我是多么幸运啊，不用去体验这样一份苦难。如果你没有经历过某些苦难，且毕生不会受这些问题所扰，可以跳过本章相应的内容。

第一节

女性独特的身体意识及其在母女之间的相互强化

女性和男性不仅在生理上存在差异，在心理和情感的维度上也很不一样。男性和女性对自己身体的意识、感知和态度，差异巨大。

男性往往在身体内部体验身体，很多男性直截了当地追求身体的舒适，逃避身体的痛苦、享受身体带来的成就感。女性则更倾向于从外在关注自己的身体，而疏忽身体内在的感受，当她们不得不回到内部体验自己的身体时，不少女性体验到的更多是各种生理症状、不适和疼痛。

这种差异从童年就开始了。先来看看男孩和女孩可能会因为什么样的身体原因而感到快乐。

有的男孩：

（掰腕子）"耶！我赢了！"

（骑自行车）"快看快看！我骑得最快！"

（为身高感到自豪）"我是全班最高的！"

有的女孩:

（在小伙伴面前转圈）"看我这条裙子，漂亮吧！"

（遗憾）"我要是双眼皮就好了。"

（愿望）"我也想梳艾莎公主那样的辫子！"

20 岁左右的男生往往喜欢各种球类运动、户外运动、健身、打游戏。

而 20 岁左右的女生则往往热衷于穿搭、化妆、买各种用于穿搭和化妆的物品。很多女生最关注的问题是——"我好看吗？怎样可以更好看？"

与此同时，很多女生开始体验也许会伴随她们多年的定期前来的"烦恼"——月经。既要忍受痛经的各种不适，又要担心侧漏，还要注意饮食，减少运动量，也许还要承受经期出现的各种负面情绪。

再来看看中年人对身体的态度。

有的男性:

"压力大，抽根烟放松一下。"

"工作太累，下班后找个地方做足底按摩去。"

"光膀子怎么啦？凉快呀！这么热的天委屈自己干吗？"

"别看我有啤酒肚，我一口气能做 30 个俯卧撑呢！"

有的女性：

"最近有鱼尾纹了，这款高档眼霜用了几个星期好像也没见效。"

"夏天快到了，我得注意控制体重。"

"这件衣服虽然舒服，但是穿上它显得矮，不能要。"

"明天的场合比较重要，早点起床敷面膜、化妆。"

身体健康出问题时，男性和女性的态度有时也不一样。不少男性对康复有种天然的自信：

"我其实就是累，好好睡一觉就没事了。"

"这种伤风着凉，多喝水，去外面跑几圈就好了。"

"经常不运动是容易出问题啊，多运动就对了。"

"放心吧，我死不了，做个手术而已。"

有的女性则容易因为健康问题陷入惊恐不安，产生各种消极悲观的想法，有时甚至伴随疑病症（明明没有生病却总觉得自己生病了）。

"医生说我的子宫肌瘤做个手术就能好，但我还是很担心会变成癌症或影响生育。"

"我的身体不能累着，一累就容易生病，所以体育活动和户外活动我从来不参加。"

"我这样体弱多病，不知道能不能活过三十岁，要是早早死了怎么办？"

"早上起来头有点晕，但愿不是要中风了，只是低血糖吧。"

对健康和外貌（身材、皮肤等）的担忧，一定程度上影响了男性和女性的饮食和卫生习惯。有的男性想吃什么就吃什么，想吃多少就吃多少，家里懒得打扫，隔几周请一次家政。有的女性则饮食清淡、节制，居家卫生高标准、严要求。

不少男性对身体的意识和态度更接近动物本能，相比之下，有的女性则显得不太"自然"。那么，这种不自然的态度是怎样产生的呢？

从人类文化演进的角度看，可能有很多复杂的原因，已经超出了本书讨论的范畴。但从个人成长的角度看，这种态度很大一部分是通过母女关系传承的。

在亲子关系中，母女之间出现强化身体意识的对话最多。

"来，我给你梳个头。你的脸圆，辫子要这样扎才好看。"

"这身衣服太难看了，走，跟妈妈一起逛街去，给你买身好看的衣服周末出门穿。"

"现在流行平眉，你觉得妈妈适合吗？"

"女孩子不要吃太多，长胖了很难减下来的。"

"你笑的时候不要把嘴咧太大，不好看。"

"你看这张照片，拍照的时候身子要侧着，一条腿往侧面伸，显腿长。"

当母亲对女儿感到嫌怨时，她的攻击也可能指向女儿的身体：

"你好好照照镜子！长成这样还不好好学习，以后怎么办？"

"你怎么把头发剪这么短？男不男女不女的！"

而在母子、父子、父女三种亲子关系中，这些关于身体的讨论就少得多。对身体意识的共享、传递和相互强化，是母女关系中相当独特的地方。

部分女性这种从外在关注自己的身体意识，会进一步影响她们的心态。

● 更在乎自己"看起来怎么样"而非"实际上感觉怎么样"，从而更容易忽视自己的内在感受。当这样的女性成为母亲时，也更容易忽视孩子的内在感受。

● 可能把更多的时间、精力和注意力花费在自己"看起来怎样"上，进而减少在学业、事业上的投入，导致社会竞争力下降，有时不得不"回归家庭"。

● 更容易产生嫉妒心理。嫉妒是一种被别人比下去时，不甘心失败又暂时无力改变、混杂着羡慕和仇恨的复杂情感。竞争和嫉妒本是人之常情，但部分女性会将身体特征和同类竞争，因而比男性更容易感受到嫉妒的痛苦。

● 更需要"被爱""被喜欢"和"被需要"。这种从外在关注自己的身体意识，使得女性的自我感觉更需要依赖外界的眼光和反馈来建立。"我可爱吗？"这个疑问，最终需要"我爱你"来回答。受这种身体意识影响的女性更需要从他人对自己的爱、需要、喜欢中确认自己，缺少这些时，她们比男性更容易陷入自卑和无价值感的情绪中。

在后文讲到的很多母女互动模式中，我们都可以看到女性身上的这些心态。

第二节

母女共享更紧凑的生活空间

社会分工和生活方式的不同，使男性和女性的生活空间也有所不同。

一些女性一生中的大部分活动都围绕着"家"。她们维持这个空间的整洁和功能运转，觉得自己对这个空间承担着某种责任。她们关心家里的卫生纸是不是快用完了，油烟机要不要洗一下，闭着眼睛也知道家里的每件东西放在哪儿。对她们而言，这个空间既是生活空间，也是工作空间。

男性的活动空间则更多地在外面：哪里有好吃的、好玩的，哪里可以办什么事，哪里可以找到工作，哪里是单行道，哪里可以抄小路。

从男孩和女孩的玩具中也能看到这种差别。

女孩更喜欢各种玩偶、芭比娃娃及玩具房子，小桌、小椅、小床、小柜，小碗、小碟、小勺、小叉，当然还有梳妆台和小镜子（帮她们进一步强化"从外在关注自己"的身体意识）。

男孩则更喜欢各种交通工具和模型（带他们去更远的地方），怪物、恐龙、外星人（遥远而陌生的他者），各种武器和配备武器的英雄人物形象（战斗、获胜、成为传奇）。

这种差异可能一直延续到老，成为一种脱离空间限制的心理习惯。有的退休女性会结伴坐一小时公交去农产品批发市场买新鲜、便宜的土鸡蛋；退休的男性则更愿意通过报纸或电视关注国际局势、时事动态。

很多女儿和母亲的大部分共处时间，就是在"家"这个小小的空间里兜来转去，像两棵种在同一个花盆里的植物，盘根错节、相互倚靠，又相互明争阳光、暗夺水分。

相比之下，很多父亲和儿子的关系就简单得多。

有一些成年男性，和父亲生活在同一个城市，却只在逢年过节或有事时来往，平时既不交流也不走动。见面时，他们谈论工作、车子，寥寥数语便交换完意见。而一些成年女性，即使出国定居，和母亲相隔万里，也会时常和母亲"煲电话粥"，谈论两地的天气和物价差异、亲戚熟人们的最新动向、各自跟其他人的互动来往，彼此分享做菜和美容保养的经验——跟那些待在同一间厨房里的母女的谈话内容大同小异。

后文探讨的母女互动模式中，有不少不健康关系都和这种过于紧密的互动有关。

第三节

母女共同承受时间焦虑

女性和男性对时间的感受也很不同。在整个生命周期中，时间多数时候对男性都是友好的，他们不用着急去完成什么，也很少有什么"死线"（Deadline，即截止日期）。大部分男性不会给自己的婚姻或生育年龄规定时限，他们的未来是敞开的，只要还活着，似乎一切皆有可能。

女性则一成年就感受到时间的逼迫：医学专家告诉她最佳生育年龄是 23 ~ 30 岁；热衷于介绍对象的七大姑八大姨告诉她年纪越大越不好找对象；护肤品广告告诉她胶原蛋白从 20 岁便开始流失；猎头告诉她 30 岁以上就很难找到好工作。

如果相信这一切，20 ~ 30 岁的女性会感到焦虑：既要好好保养自己，争取尽快找一个理想的对象，又要努力提升职业技能，在职场上站稳脚跟。

很多母亲认为，女性一生的命运，大体会在 20~30 岁决定。这时的努力和选择都非常重要。

这些母亲怎样在有限的时间里把这种人生经验传递给女儿，并让她学会运用呢？要知道，普通人在 20~30 岁都会有很强的独立意识，急于拥抱新世界，最不爱听"老人言"。

一些母亲沮丧地发现，自己长年累月的所见所闻甚至亲身经历，在女儿听来却是过时、教条的东西。

母亲很可能没受过多少教育，无法把自己厚重的人生经验输导给女儿。很多时候，她只能笨嘴拙舌地说"你要这样，你不要那样"，或者歇斯底里——"再去找那小子我打断你的腿！"甚至以死相逼："你敢离婚我就不活了！"

可以想见，这些话在一个心思单纯的年轻女孩听起来会是什么感受。

我的来访者中，一些年轻时乖乖听母亲话的女性，后来往往感到遗憾，懊悔自己错过了丰富、自由的生活。也有一些年轻时叛逆母亲的女性，历经沧桑后，发觉母亲说得对，后悔当初没听母亲的劝告。

她们将来会传授怎样的经验给女儿呢？

左也不对，右也不对，只有小心翼翼、不偏不倚，才能幸免于生活的各种艰难。一些女性仿佛还在不经世事的时候，就得在规定时间内走过一条独木桥。母亲可能在岸上大呼小叫，急得跳脚，但这对女儿的帮助很小，反而让她更加紧张，难以保持平衡。而女儿这边，由于能看到母亲看不见的一些风景，也常常希望依靠自己的判断走出一条更宽的路。

女性生命周期里的时间焦虑，加剧了母亲和女儿之间的拉拉扯扯。有些焦虑源自现实的压力，有些焦虑则是母亲自身的不安全感转变成了笼罩在女儿头顶的阴影。

第四节

母职在母女之间的传承

当我们谈论"母职"一词时，并不意味着已经将它界定为"母亲的职责"。母职其实就是养育职责，从微观层面讲，它可以由任何有能力的人来完成；从宏观层面讲，它应该是整个社会的责任。

但在现实中，养育职责大部分都落在母亲头上，本该由整个社会代代相传的这份职责和相关的经验，大部分还只在一代代女性之间传承。

关于怎样养育孩子，母亲需要传承给女儿的经验实在太多。

- 怎样找到一个适合做父亲的男性。

- 要为怀孕做哪些准备。

- 孕期怎样照顾自己。

- 怎样分娩，产后怎样调养身体。

- 怎样照顾婴儿的吃喝拉撒，怎样理解并安抚婴儿的哭闹。

- 怎样断奶，怎样给孩子添加辅食。

● 怎样帮孩子养成规律的作息习惯。

● 怎样回应孩子。

● 怎样帮助孩子应对生活和学习中的各种困难。

● 怎样解决孩子和其他小伙伴之间的冲突。

　　……

女儿是怎样学会这些养育职能的呢？主要通过两个渠道：言传和身教。

（1）言传

"言传"方面，女儿常常体验到挫败和卑微。在"怎样做母亲"这门功课上，母亲总是比她更有发言权。女儿自己就是母亲的"养育成果"，要指摘母亲的养育方式并不容易，这意味着要承认自己"有缺陷"。而母亲遇到任何争议都可以用"资历"来压制：

"你现在还年轻，以后你就懂了。"

"都把你养这么大了，我还不知道怎么带孩子吗？"

"你现在想得简单，不听我的，将来后悔都来不及。"

鞋匠的儿子和铁匠的儿子有一天也许能成为更优秀的鞋匠和铁匠，

或者成为医生、律师、门卫、流水线工人，从而不必再和父亲比较。但在养育这件事上，女儿可能永远都"不如"母亲——至少母亲会这样认为。即便女儿成为非常优秀的职场女性而母亲在事业上一事无成，但在结婚、生产、育儿这些领域，母亲还是可以指点、教导甚至支配女儿。我在咨询工作中也发现，母女之间矛盾集中爆发的时期，除了青春期，最多的就是在女儿生育、开始进入"母职"的阶段。

（2）身教

母亲可能会告诉女儿很多，但那些最重要的东西，往往要通过"身教"来传授。女儿成年后养育孩子的方式和质量，很大程度上取决于自己儿时得到的养育方式和质量。

这就是为什么当代的母亲们虽然能从很多育儿专家那里学到关于养育的知识，却仅能把其中一小部分吸收转化成自己的习惯。她们常常沮丧地发现：道理很简单，但我做不到。

这种在互动中潜移默化传递的行为模式，正是通过女性，通过母女代代相传，影响到我们的子子孙孙。

第二章

不健康母女关系的实质：
母职的缺失

在具体讨论不健康的母女关系之前，我们需要先了解母亲在母女关系中扮演怎样的角色，发挥哪些作用。几乎所有不健康母女关系的原因，都可以归结为成年家庭成员没有发挥好自己的养育职能。

这一判断包含以下几种情况：

● 母亲没有发挥好自己的养育职能；

● 其他人没有给予母亲足够的支持和配合，协助母亲发挥好养育职能；

● 在母亲没有能力发挥养育职能的时候，其他家庭成员没有补上这个"缺"。

由于本书讨论的是母女关系，我会用"母职"一词来指代"养育职能"。但我们需要时时留意，不要把养育默认为女性的工作。每个为人父母的人都有养育职责，只不过在我们所处的时空中，它碰巧常常被分工给女性。

接下来，我们将讨论几种对女儿性格影响最大的养育职能。

第一节

母亲的六大职能及其完成度对女儿的影响

一位母亲，不论她个人有多么特别，如果她不是我们的母亲，并不会对我们产生多大影响。她能影响我们，正因为她坐在了"我的母亲"的位置上，在我们的成长中承担了"母亲"的重要职能。

很多关于"母亲的职能"的文章或图书，常常给女性带来压力和焦虑，令未生育的女性望而却步，令为人母的女性愤愤不平：

"凭什么这些事情都该由女人来做呢？！凭什么孩子没养好都应该由母亲来背锅呢？！"

养育孩子的工作主要落在母亲身上，其背后有复杂的历史和社会原因。但这并不是本书要讨论的问题。本书讨论的是，在女性养育孩子的过程中，母亲可能给女儿带来哪些不良影响，以及如何减少这些影响。

在我翻译的心理自助书《为何母爱会伤人》中，作者贾丝明·李·科里（Jasmin Lee Cori）列出了母亲的十个"角色"（这里的介绍顺序略有改变）。

- 生命之源

- 养育者

- 依恋对象

- 保护人

- 第一响应者

- 情绪调节器

- 镜子

- 啦啦队长

- 导师

- 大本营

如果真的存在所谓的"完美母亲"，那可能就是这十个角色的结合了。来看看它们具体指的是什么。

（1）生命之源

这是一种"我来自她的身体，我和她血脉相连"的感觉，是"母爱"最初的含义。母亲给一个孩子最初的爱，就是在身体上孕育了他。这种爱之深沉与无形，就像空气和水之于我们的意义——常常只有在失去它时，我们才意识到它有多重要。

很多人想象"母爱"时，不太会想到这一部分——这正是因为他们已经拥有了。那些被领养的孩子更容易感受到它的缺失，也许养父母对他们视如己出，他们也成长得十分健康，但成年之后，不少人都会想寻找自己的亲生父母或其他兄弟姐妹。

"他的鼻子跟我一样！""她也是左撇子！"——那种在别人身体上认出自己的感觉，就是找到了"源头"的感觉。

（2）养育者

孩子出生以后，母亲的另一个重要职能就是养育孩子。这种养育，既包含身体层面的喂养，也包含情感层面的滋养——后者是一种"妈妈爱你"的感觉。这两者有时是一起出现的，比如当妈妈喂孩子好吃的食物时，孩子也能感受到妈妈是爱他的。

（3）依恋对象

孩子对母亲的依恋，既包括身体上的，也包括情感上的。母亲是孩子的依恋对象，当孩子遇到高兴的事、自豪的事、悲伤的事、挫败的事时，都想扑进母亲怀里告诉她；而当孩子遇到可怕的事时，只要拉住母亲的手，或听到母亲的声音，或远远地看到母亲，甚至看到母亲的照片，就会感到安心。如果母亲做不到这一点，孩子成年后就容易感到孤独无依、不被人接纳、没有安全感，亲密关系中正常的肢体接触也会令她感到不适。

（4）保护人

孩子需要有人保护自己不受伤害，这样才能获得安全感，并信任这个世界。

要保护好孩子，母亲需要留意大量的生活细节：奶粉安不安全、饮水干不干净、洗澡水会不会太烫、家具是否容易碰倒、一些物件会不会被孩子吞下去、孩子玩的游戏有没有危险、怎样教会孩子遵守交通规则、怎样防止孩子被拐骗、怎样防止孩子被同龄人霸凌……

当代社会中，孩子需要的保护职能越来越繁重、复杂，已经成为很多母亲的焦虑诱因。

（5）第一响应者

在婴幼儿时期，母亲就是那个"你一哭，她就出现在你面前，带着关切看你需要什么"的人。这一角色会让孩子变得自信和乐观，他们知道自己有任何需要的时候，都会有人来到身边，如果这人是飞奔而来，他更会感觉自己是重要的。

长大之后，第一响应者则是"在自己需要时会第一时间伸出援手"的人。

（6）情绪调节器

伸出援手还不够，很多时候，孩子对大人的需要是情绪层面的，需要大人来安抚自己的情绪。而调节器的作用，正是安抚孩子的情绪。

（7）镜子

母亲的另一个重要职能，是让孩子感觉到被理解了，并逐渐理解自己。简单地说，就是让孩子看到："啊，原来我是这样的！"

在语言能力发展之前，这种镜映主要是身体层面的：孩子笑母亲也笑，孩子做鬼脸母亲也做鬼脸——这样的镜映，既让孩子了解到自己是什么样的，也让孩子意识到妈妈是懂他的。

当孩子长大一些，这种镜映就开始借助语言表达来完成了。语言的镜映，会发生很多忽视、放大或扭曲。很多母亲在镜映孩子时，常常忽视孩子情感层面的不舒服，而放大身体层面的不舒服，一旦孩子出了什么找不出病因的身体症状，就给孩子吃这补那，而不会考虑孩子是不是遇到了一些情绪困扰。

一些母亲会带着严苛的标准来镜映孩子：她们总觉得孩子不够好，

只能看到孩子的缺点，而且会把缺点放大后反馈给孩子——在这样的镜子面前，孩子常觉得自己很差劲，为自己感到羞耻。

还有的母亲会把扭曲的形象反馈给孩子。比如孩子表达出忧伤和难过，母亲说的是："其实你就是太闲，找点事做就好了。"——有真实痛苦的孩子，在母亲的"镜子"里成了一个无病呻吟的人。

（8）啦啦队长

孩子需要有人认可、欣赏自己，为自己感到骄傲、自豪，并为自己喝彩，这样的热情支持可以为孩子树立信心，感受到自己是有价值的。

（9）导师

孩子需要有人在自己的成长道路上对自己进行正确的引导。作为导师的母亲也起到了传承的作用，她把生活和人生的经验传递给孩子，让孩子比先辈们生活得更容易些。

（10）大本营

这一职能会延续到子女成年。他们也许已经独立，有了自己的生活，这时充当大本营的母亲，可以让他们感受到自己是有支持、有依靠、有退路的，遇到困难可以随时回去寻求帮助。

另外，我又加入了"性别身份榜样"这一职能。在一个性别角色相对固化的社会里，绝大部分女性面临的最主要问题仍是"我要成为一个怎样的女人"以及"我能成为一个怎样的女人"。在这些问题上，母亲往往是她们最早、最重要的参照系。

母职有那么多内涵，大多数母亲都不可能完全做到。在比较幸运的家庭中，她也不需要完全做到，周围的人，比如父亲、爷爷奶奶、外公外婆，或者其他亲戚，也能多多少少分担这些职能。比如爸爸充当保护人，老人充当导师，而整个家庭充当大本营。

所以，有的人虽然从母亲那里直接得到的爱比较少，但有其他人的支持，也能成长为一个健康、乐观的人。反过来讲，如果一位母亲做得不够，也可能是因为支持她的人太少，她不得不独自承担所有的职能。

接下来，我将重点讨论其中六个较难由他人完全代替母亲分担的职能，母女关系里许多问题的根源也正在其中。其他一些职能，比如"养育者""依恋对象""保护人""啦啦队长""导师"，虽然也很重要，但很多时候可以由他人代劳，限于篇幅不予单独展开。

第二节

职能一：母亲是女儿的创造者

母亲作为女儿的创造者，对女儿怀有的情感可能非常复杂。

（1）希望女儿满足自己的需求

古希腊神话中塞浦路斯的国王皮格马利翁就表现出了这种情感。这位善于雕刻的国王雕刻了一座美丽的象牙少女像，并爱上了它，给它取名伽拉忒亚。他对它注入全部的热情和爱恋，打动了爱神阿芙洛狄忒，后者赋予雕像生命，使之成了皮格马利翁的妻子。

站在皮格马利翁的角度，这也许是最美妙动人的故事。但如果站在伽拉忒亚的角度看，这位可怜的姑娘刚刚拥有了生命，感受到自身的存在，就发现自己和一位陌生男子共处一室，对方还宣称是她的丈夫，因为爱神阿芙洛狄忒赋予了她生命并安排了这桩姻缘！她内心的感受会好吗？

有的母亲养育女儿的过程，其实就是疗愈她自己内心创伤的过程。如果她对丈夫的懦弱感到失望，就要把女儿塑造成一个可以遮风挡雨的坚强女人；如果她为自己早年的贫穷深感苦闷，就要把女儿塑造成能够给她提供经济支持的人；如果她缺乏照料和关怀，就要把女儿塑造成特别体贴她的人。

而且这一切有可能是下意识地发生的，连她自己也没觉察到。

女儿在懵懂年纪里常常任由母亲"雕琢"。当她有了自我意识的那天，也许就像活过来的伽拉忒亚一样，一方面，自己对世事毫无经验，也不知道有别的可能性，只好顺从母亲安排；另一方面，自己可能感受到一种难言的苦涩："我是谁呢？我到底为谁而活？"

（2）希望女儿优秀卓越，证明自己是个了不起的创造者

很多人都希望证明自己是优秀的、有价值的，并希望获得他人的认可和赞许。在性别角色固化的社会，去外面冒险的男性，有无数种证明自己的方式，但"主内"的女性，证明自己的方式就相当有限。厨艺精湛、会持家之类的成就，当然远不如抚养出一个优秀的孩子那样能证明自己。

这种愿望可能会使母亲对女儿有过高的期待，并对女儿进行过度掌控。

（3）认为女儿是自己的所有物、是自己的一项投资

"无私的母爱"并不是一种广泛存在的自然天性，而是一种心理状

态。不在这种状态里的母亲，有的对女儿进行粗放喂养，只期待她活下来；有的虽然对女儿进行精心调教，不断提高她的素质，但不过是希望女儿将来能够更有能力回报自己。

（4）希望女儿像自己一样优秀，但绝不会超越自己

对自恋的人而言，"自我复制"有时会带来相当大的满足感。

"我如此优秀，还能创造出一个和自己一样优秀的女儿，让自己优秀的基因延续下去！"

有的父母很喜欢听别人夸赞："这孩子真好！像你！不愧是你生的！"

这种夸赞极大地满足了人性中自恋的部分。但如果别人说的是"真是青出于蓝，一代比一代强啊！"父母心中自恋的部分就会有些受伤，有时甚至要找机会好好表现一下，让别人赞叹"姜还是老的辣"。

对自恋的母亲而言，最开心的莫过于听到别人说她的女儿和她一样漂亮，这既肯定了她作为创造者的成功，也肯定了她自己的美。

但如果有人说女儿比她还漂亮，自恋的母亲就会不高兴了。"作品"超越了自己，会给自恋的创造者带来一定的打击。

（5）不愿和女儿分离

有些母亲从来没有做好和女儿分离的心理准备。母女常年形影不离、亲密无间、无话不谈，以至于母亲下意识地屏蔽了女儿成年后会和她分开的事实，直到女儿外出读书、工作、结婚时，才不得不面对这个"突如其来的打击"。

还有的母亲即便到了这种时刻，也不愿接受分离的现实，即使生活中和女儿相距较远，也会和女儿保持过度密切的联系。

第三节

职能二：母亲是女儿的镜子

人对自身的感知，最初是来自他人的反馈。

很多人喜欢说："我可不在乎别人怎么看我。我又不是为他们而活的。"或者说："走自己的路，让别人说去吧。"

其实对自己或他人的这些提醒，对心灵产生的作用往往是微小的。人们并不会因为要求自己不要在意别人的评价而变得自信，至多只能让自卑的感觉不再加深。他人反馈对人们自我感受的影响，渗透在社会生活的方方面面。来看下面几个例子。

● 许多人追求豪宅、名车、名表、名牌服饰，并非单纯为了满足虚荣心。在心灵的世界里，"虚荣心"这个词算不上一个表述精准、言之有物的概念。事实上，这些东西的确能在一定程度上"治疗"人的自卑。特别是当别人看到他拥有这些东西而表示赞赏和羡慕时，别人的态度往往让他觉得自己变得更有价值、更高贵了。

● 全球化进程伴随着很多文化上的碰撞、交流和融合，其中也可以看到"他者"作为镜子带来的影响。比如当重男轻女、经济不发达地区的年轻女性进入性别较为平等、经济更发达的地区求学或工作时，会感到更轻松、更自信、更有掌控感。全新的世界在眼前铺开，其中包含的一切可能性，大部分不会因为自己的女性身份而关闭，她们发现只要稍加努力，就能在别人那里感受到尊重和认可。这和她们原来所在的世界大不一样。

● 爱情之所以美妙，一个原因是在爱的光晕中，我们对自己的感觉变得更好。从对方灼热的眼神中，我们感受到一个魅力无穷的自己。

● 很多孩子的自信来源于他从大人眼中看到的自己。如果他的出生，在大人眼中是件意义重大的事，那么在生命最初的几年里，他可能会时常感受到来自父母和家人欣赏、喜爱和重视的目光。

"妈妈的小宝贝！"

"你太可爱了！"

这样的感受持续出现几年，就会在孩子的人格中打下稳定的自信基础，成为一种背景性的"我是好的"的感受。这样，当他们在以后的岁月里遭受挫折时，也会很容易重新振作起来。

这些例子表明，他人的反馈对一个人的心理建设是非常重要的。

在重男轻女的文化中，对有些母亲而言，女儿的出生带给她的是一种失落感：没能给丈夫延续香火、在婆家的地位跌落、抚养过程要操更多的心、长大嫁出去就成了别人家的……

这种情况下，女儿会在母亲和周围的人眼中看到怎样的自己呢？

女儿会感到自己没有价值、多余、拖累、不配、没有存在的意义、给母亲添了大麻烦、受了养育的巨大恩惠、需要在未来偿还……

这样糟糕的自我感觉，可能一生都在侵蚀女儿，让她在学校和职场上不敢和男性竞争，谈恋爱时只找明显"配不上"自己的男性，进入婚姻后主动牺牲自己而成全对方……而这种悲剧命运的基调，正是被最初周围人的反馈和态度定下的。

第四节

职能三：母亲是女儿的性别身份榜样

女儿从母亲眼里看到"自己"的同时，也会从母亲身上看到自己的未来。

当孩子想象未来时，常常要面对一个问题："我以后要成为一个怎样的人？"

"我要不要成为妈妈那样的人？"

如果母亲过得比较幸福，衣食无忧，身体健康，夫妻关系和睦，或者如果母亲是个很有能力的职业女性，工作中独当一面、受人尊敬，家人对她欣赏有加，她自己也能在生活中自得其乐——那就太好了。

但多数女性婚后的生活并不是这样。有些女性承受着来自职场、家务、育儿的压力，在工作和家庭之间努力保持平衡，常常感到身心俱疲；有的女性还会遭遇一些家庭问题，比如夫妻不睦、婆媳不和、家庭暴力、丧偶离异、经济压力等，生活得非常艰难。

如此情境下，目睹这一切的女儿很容易怀疑："成为妈妈这样的人到底有什么好呢？"

但如果不像妈妈这样，又能成为什么样的女性呢？

只有少数幸运的女孩能以母亲为性别身份榜样，大部分女孩心里想的是"我长大了可不要像妈妈这样"。一些女孩成年后离开原生家庭独自奋斗，她们的一个重要动力就是，充分体会到母亲命运的悲剧性，想到自己可能重复这种命运就觉得十分可怕。甚至一些直率的母亲，也常常这样教导女儿："你以后可不要像妈妈这样啊。"并传递着自己的人生教训：

"因为不好意思花家里的钱，考上大学也没有去上，耽误了一辈子。"

"太老实了，你爸家里让我辞职我就辞职了，结果做了一辈子家庭主妇。"

"找对象的时候太年轻，考虑不周全，又不好意思多处一段时间好好了解，觉得男人高高大大、眉清目秀，看起来老实就好，哪知道是个这样的人。"

"年龄大了还单身一人，老被别人说闲话，顶不住压力就闭着眼睛随便抓了一个。"

"那时觉得一身肌肉的男人很能保护自己，有安全感，谁知道他最常打的就是家里人。"

"年轻的时候傻，父母说谁好就谁好了，也不敢反驳，后来他们都走得早，自己的日子还是得自己过。"

"年轻时候容易被男人哄，父母提醒也不听，非要跟人家，现在想一想，姜还是老的辣。"

……

但再多理智层面的提醒，也无法让女儿完全脱离母亲这辆"前车"的"车辙"。大多数女儿，要么变得像母亲一样（意识到这一点时连自己也会感到惊讶），要么成为和母亲截然相反的人。

第五节

职能四：母亲是女儿的及时响应者

母职的另一个重要功能是对孩子及时响应。

为了理解及时响应有多重要，你可以找一个周五的傍晚，走进最热闹的一家小饭馆，找个方便观察的座位，随便点几样吃的坐一个小时。这样的小饭馆通常无法在最忙碌的时候做到及时响应每一个顾客，这让你有机会观察到那些没有得到及时响应的顾客是怎样的状态，甚至帮你回想起自己的类似体验。

一些饥肠辘辘的食客，如果等了一刻钟菜品还没有送来，就会开始满腹牢骚，一次次呼叫服务员，催促他们上菜，抱怨他们上菜速度慢，甚至恶语相向。

菜终于上来了，服务员也客客气气地表示歉意，食客决定暂不追究，吃饱再说。如果他们对菜品满意，这事也许就过去了。但并非每次都能顺顺利利，各人口味不一，厨师也有失手的时候，菜咸了、淡了、凉了、火候不够，都会再次激起食客的怒火，有人会大声嚷嚷要求理论，脾气暴躁的甚至会破口大骂。

周五晚上的成年人，就像打预防针回来的婴幼儿。

那些婴幼儿经历了路途颠簸、在拥挤的医院里排队等候、闻着奇怪的味道、不安地看着来来往往的陌生人，在小儿注射室门口一次次听到其他小伙伴凄厉的哭声，终于轮到自己，狠狠挨了一针，又被家长匆匆忙忙抱上车，继续经历一路颠簸。

回到家的那一刻，他会觉得委屈、暴躁，唯有安坐在自己的"小王座"上，抓着最喜欢的玩具，大人笑眯眯地端来他最喜欢的食物，才能让他平静下来。

如果这时爸爸还没回家，妈妈要忙着做饭，又没有其他人在家，婴幼儿得不到及时回应了，他可能就会开始大喊大叫，哭闹不休，对什么都不满意。

有一个词可以描述没有得到及时响应的状态——被"怠慢"了。

如果你在一家餐馆或服务场所被"怠慢"，你可能以后再也不想去了。但那些长年累月被父母怠慢的孩子，却没有办法选择自己的父母，只能日复一日地忍受这种怠慢。

被母亲怠慢的女孩，她的需求和感受往往要么被忽视，要么被敷衍，要么被拖延，要么被粗暴地满足。

女孩如果长期承受这些怠慢，当然会出现各种负面情绪和心理问题。在她们心中，被及时响应的愿望永远不会消失，而是一有机会就自动出现。比如有的女性谈恋爱时，会希望男朋友秒回信息，希望他推掉朋友聚会和自己出去，希望他请假来陪生病的自己，希望自己想喝水时，他立即端来一杯不多不少、温度刚好的水。

很多女孩在成长过程中都没有得到足够的及时响应。而对一些不幸的女孩，连"响应"本身都是相当匮乏的，甚至有时母亲成了那个表达需求的人，女儿不仅得不到响应，还要去响应对方。第三章第一、六、七节，第四章第五、六节中提到的例子，都反映了这种类型的问题。

第六节

职能五：母亲是女儿情绪的承载者和调节者

母职的另一大功能，是对孩子的情绪予以承载和调节。

母亲对孩子的情绪的承载和调节能帮孩子塑造稳定、坚韧的人格。这种人格本身又会成为情绪的自我承载和调节能力的基础。

很多女性都能感觉到自己心里有种未被满足的愿望，希望有人来耐心地承载和调节自己的情绪，比如：

- 难过时有个肩膀可以靠上去哭泣；

- 委屈时能得到支持和理解；

- 焦虑、担忧时能得到宽慰和安抚；

- 想回避困难时能得到宽容和体谅；

- 想撒娇时能得到允许和接纳。

这些在母亲那里没有被满足的愿望，会被女儿带进亲密关系中。如果遇到在这方面能力相当匮乏的母亲，女儿也可能被迫去承载和调节母亲的情绪。

第三章第一、二、六、七节中讲到的母亲们，都很少具备这一职能。其他部分介绍的各种类型的母亲们，虽然最大的问题不在于此，但在这一职能上多少都有所欠缺。

第七节

职能六：母亲是女儿永远的大本营

在我们的传统中，很少有子女在成年后过一种完全"独立"的生活。子女和父母之间通常会保持亲密的互动和联络。

而这种亲子关系的亲密程度又会因性别配对有所不同。母女关系往往比母子、父子、父女关系更加亲密。女儿在人生的诸多阶段都有可能无法自己应对新挑战，需要回到母亲身边，获得技能和情感支持。

● 女儿青春期发育和月经初潮时，需要母亲教她怎样选购合适的内衣、怎样使用卫生巾、怎样照顾自己的身体，并告诉她"这不是一件可怕的事，你只是长大了"。

● 女儿谈恋爱时，需要母亲提醒她怎样择偶、怎样避孕、怎样避开"渣男"——当然不是需要母亲出于恐惧和担忧而一味地约束她，而是需要母亲帮她"标出雷区"，同时支持她去探索。

● 女儿结婚时，需要母亲帮她打点婚庆事宜。

● 女儿怀孕时，仍然需要母亲提供建议和支持。

● 女儿在自己的孩子出生后，很可能需要母亲的照料和陪伴。

● 如果女儿遇到孩子生病、与夫家不和、事业发展受挫、婚姻出现危机、离婚、单亲育儿等人生难题，女儿会需要再次回到母亲身边，从母亲那里获得支持和勇气。

我说"需要"，是指母亲在一定程度上可以完成这些职能的情况下。事实上，家庭和家庭的差异很大，不是所有女儿心中的母亲都是"永远的大本营"：有的大本营是荒芜的，比如第三章第一、二、六节中介绍的母亲；有的大本营是"有毒"的，比如第三章第三、四节中介绍的母亲；有的大本营根本不存在，比如第三章第七、九节和第四章第六节中的母亲；还有的大本营则像蜜糖做成的泥沼，比如第三章第八节介绍的母亲。

如果大本营的功能无法实现，女儿又无法得到其他"有母性的长者"支持，常常只能孤立无援、磕磕碰碰、独自探索人生道路。

第三章

九种常见的
不健康母女关系

上一章介绍了母职对女儿人格发展影响最大的 6 个方面。认识了这些基本"营养素"，有助于你理解在各种不健康的母女关系中，到底是什么发生了缺损。在这一章中，我们就来讨论九种常见的不健康母女关系类型。

阅读这一章时，你多半会好奇："我和母亲的关系到底是哪种类型呢？"

有必要再次强调，这些类型（包括下一章要介绍的六种类型）之间并不是彼此排斥的。你和母亲的关系可能以一种类型为主，又混合了其他几种类型，并在几十年的漫长岁月中逐渐演变、更替。

第一节

"看不见"女儿的母亲和"空心化"的女儿

如果母亲在生活等方面把孩子保护、照顾得比较好，但在情感方面"看不见"孩子，就会形成情感忽视。

情感忽视是一种隐蔽的创伤，从表面很难看出来，很多人不知道这种创伤的存在，甚至可能遭受这种创伤的人自己也感觉不到它。但它又那么普遍，几乎所有人都遭遇过它，一些不幸的人则终其一生都活在周围人的情感忽视中。

孩子在情感上的"被看见"，是他们人格发展的必需品，是上一章中提到的两大母职——"及时响应"和"情绪的承载和调节"的基础。唯有先"看见"情绪，才有可能"响应""承载""调节"情绪。

孩子可能遭遇的情感忽视包括：

- 悲伤哭泣时，大人说"别哭了"；

- 愤怒抗议时，大人说"闭嘴"；

- 想和大人倾诉时，大人说"别来烦我"；

- 受到欺负时，大人说"好好吃饭吧"；

- 感觉孤单、想找小伙伴玩时，大人说"快去写作业"；

- 写作业写累了想休息时，大人说"累什么累？小孩知道什么是累？"

以及在所有这些时刻，大人冷漠地做着自己的事，仿佛什么也"没看见、没听见"。

所有的孩子在成长过程中都经历过这些，因为大人并不是所有时刻都有耐心和爱心认真关注孩子的感受。而这些忽视会不会构成情感创伤，则取决于发生的频次。想象一下，如果父母只是在每周一这样跟你说话，和他们除了周日每天都这样跟你说话，分别会是怎样的童年？

很多人在谈论童年创伤时，常常忘记了"频次"这个重要因素。比如 A 看到 B 有些难过，就问他有什么不开心的事，B 说想起小时候作业写不出被父母打得哇哇叫，心里很难过。A 听后不以为然地说："这有什么好难过的？我小时候写不出作业也被打过，绳子捆着吊起来打，扫帚都打断了呢！"

B 听了 A 这番话，觉得自己可能太小题大做了。二人关于这件事的对话或许到此结束。普通人 C 在一旁听到，可能会得出这样的结论：A 是个乐观、抗压能力强的人，B 比较脆弱、敏感。

但如果有机会还原童年场景，可能他们说的根本不是一回事。A 小时候学习比较好，能轻松跟上学习进度，作业也能顺利完成，唯独一次跟着同学逃课而写不出作业，被父母知道后打了一顿。

而 B 在学习上一向是"老大难"，几乎每天都有写不出的作业，父母脾气暴躁，每次看见都要打，所以 B 几乎每天挨打，每天都哭。

这两种童年生活的品质是大不一样的。

母亲"看不见"孩子，常常是因为她自己也没有被"看见"。比如很多母亲无法回应遭受外界伤害的女儿，很可能是因为在她自己的成长过程中，听说、目睹或亲身遭受过的类似伤害都不了了之，没有任何人帮受害者应对。

母亲对女儿的情感忽视，有时就像一个穷人对另一个更穷的人的吝啬。

那么，在情感忽视的创伤中长大的女孩会是什么样呢？

这样的女孩常常会形成所谓的"假自体"。这样的女孩总是在思考：我应该做什么？怎样做对我比较好？——这种"应该"和"好"的标准，多是外界施加的，而不是她们从自己内心的真实感受和独特需求出发去追求的标准。

如果这种状态一直持续，女孩可能会长成一个让人羡慕的乖乖女：学习认真努力，成绩不错，从不调皮捣蛋，没有叛逆期，待人礼貌，甚至发展出丰富的才艺（但谈不上爱好）；她看起来总是波澜不惊，甚至临危不乱，不过身体不太好，这里或那里总有些小毛病（往往是情绪压抑导致的躯体化结果）。

她们通常学业不错，也能找到一份稳定的工作，如果可以进入婚姻，进入的方式有时会非常顺利——可以说是过于顺利了：相个亲，约会几次，双方父母坐下来谈谈，谈妥，就成了。但在内心，她们常会感到空虚无聊，迷茫无措，快乐稍纵即逝，没有热情，生活没有意义感，工作缺乏创造力，做事三分钟热度，没有持久的动力。

她也许会有看起来一帆风顺、衣食无忧的生活，而在潜意识层面，她被压抑的情感一直暗流涌动，等待喷薄而出的时机。当它突然爆发时，常常会让她们的人生轨迹发生一个大转弯：突如其来的疾病、情绪崩溃、休学、辞职、离婚，或者开始自我觉醒。

她们看似走了一条安稳的捷径：理性、精明、步步为营。但事实上绕了一个大弯路，可能要以身心疾病或人生轨迹的大转弯为契机才能突破禁锢，重新探索真实的自我。她们会在三十几岁、四十几岁甚至更晚的时候，才出现一个任性的"青春"叛逆期，去重修本应该在十几岁时完成的人生功课，然后才进入真正的稳定和成熟的人生状态。

正常的婚恋关系通常会经历一个双方相互试探、考验的时期再确定下来。但对于在情感忽视中长大的女孩而言，当自己的感受被对方看到并被照顾到的那一刻，内心会得到久旱逢甘霖般的滋润，因而立即认为自己遇到了所谓的"真爱"。

越来越多的女性已经发现了这类现象，用她们的话来说就是，"别人稍微对你好一点就爱上他，都是因为小时候太缺爱了"。

这种婚恋关系往往并不能健康发展，陷入这种困境的女性，需要认真去梳理一下自己和母亲的关系。

第二节

实用主义母亲和学霸女儿

情感忽视的母亲只是不关注孩子的感受，导致孩子也不关注自己的感受。有一类母亲在这方面做得更过分，她们对孩子的感受不是无意地忽视，而是有意地打压，甚至教育孩子要忽视自己的感受。我们姑且把这类母亲称为"实用主义母亲"。

"情感忽视"的母亲虽然不关注孩子的感受，但对于孩子的感受，只要不给她们带来麻烦，她们通常不会过问。也许母亲会在孩子哭时粗暴地制止，但如果孩子玩得开心，她并不会横加干涉——情感忽视的母亲通常有她们自己更关心的事。

实用主义母亲就不同了，在她们看来，童年就是为成年生活做漫长的准备，准备得充不充分，有没有跑在别人前面，决定了未来一生的幸福。在她们眼里，"儿童的快乐"没有任何意义，只会浪费时间和精力，消磨斗志。

所以，在实用主义母亲看来，孩子应该只做对未来有用的事。

实用主义母亲的口头禅是："这个东西有什么用？""这件事有什么

好处？”

老派的实用主义母亲是不许女儿玩耍的，玩具、衣服、零食、装饰品、志愿者活动、同学的生日会都是“没用的”，她们不会让这些“没用的”事物进入孩子的生活。什么是有用的呢？自然是学习成绩。实用主义母亲在其他方面也许一毛不拔，但如果要给孩子买辅导书，或者送孩子上辅导班，是相当舍得的，“好钢用在刀刃上”。

新派的实用主义母亲，则会让孩子过一种备受限制的“丰富生活”：玩游戏可以，只能玩“益智游戏”；看课外书可以，只能看有助于提高学习成绩的书；和同学一起玩可以，只能和勤奋用功成绩好的同学玩；假期想出去旅游可以，但得参加“游学夏令营”；发展兴趣爱好可以，但要刻苦练习，考级拿证……

实用主义母亲养育的女儿会是什么样呢？

老派的实用主义母亲往往有低调、朴素、不爱社交的女儿。她们常穿没有性别特征的衣服，平时不苟言笑，很少参加课外活动，空闲的时间都在学习，交朋友也只结交爱学习的同学，和朋友聊天也常常是在讨论习题。什么穿衣打扮、时尚杂志、言情小说、男生的小字条、女生的流言蜚语……这些事情都和她们无关。整个激荡起伏的青春期，她们都待在教室里认真学习，是同学们眼中无趣的学霸。

新派的实用主义母亲的女儿则可能是多才多艺的淑女，成绩优异，钢琴十级，上课坐得端端正正，跟每个人都相处得不错，却没有特别亲密的朋友。

学霸女儿和实用主义母亲早年通常可以和睦相处。一方面，母亲的威压和逼迫虽然令学霸女儿备受限制，但自己取得的学业成就、社会成就和别人羡慕的目光，让学霸女儿的内心得到一种平衡，认为"吃这些苦是值得的"；另一方面，学霸女儿在母亲的影响下，已经习惯了长期忽视自己的感受，在她们眼里，那些需要玩乐甚至为此和父母、老师起冲突的孩子，才是"不正常的"。

到了谈婚论嫁的年纪，学霸女儿和实用主义母亲的关系就可能出现问题了。

实用主义母亲一如既往地要求学霸女儿把婚恋这件事当成学习来处理：学习穿搭化妆、礼仪步态、表情控制、待人接物……她把结婚当成另一场高考，让女儿的"成绩"尽可能优秀，然后从可以选择的对象中挑出那个最优秀的——前一个任务女儿负责努力，后一个任务由母亲来掌控。就像女儿参加高考一样，女儿负责考高分，母亲负责选择志愿学校。

但在女儿的婚恋这件事上，实用主义母亲会受到前所未有的挫败。

学业和事业可以靠实用性和工具理性来推动，恋爱和婚姻却要靠情感和欲望来推动。得到母亲新命令的学霸女儿，即便开始讲究穿衣打扮、相亲约会，也会表现得很不自然、难以成功，因为她们本来就是奉母亲的命令去执行，自己心里并没有对异性和爱情的渴望。

很多学霸女儿进入稳定的亲密关系都比同龄人要晚，情感和欲望对她们而言是一个陌生的、被压抑的领域，实用主义母亲提多少建议都无济于事。一些女性在潜意识中对亲密关系不仅没有兴趣，反而有深深的恐惧，因为她们最重要、可能也是唯一的亲密关系——和母亲的关系，已经是一段伤害性的关系。

学霸女儿的婚恋关系常常出现两种极端。

一种是把恋爱和结婚当成另一份工作，用理性计算来完成，进入一段看起来很好，实则情感疏离的婚姻，以满足实用主义母亲的要求。

另一种是放飞真实自我，和不靠谱的男性展开一段激荡的关系。她们对亲密关系的真正渴望，恐怕不是实用主义母亲期待的那种清白人家的上进男孩，而是邪魅的坏男孩：性感、冲动、不靠谱、不确定，甚至有些疯狂和危险，这些特征可能正是学霸女儿内心长年压抑的那一面。

第三节

焦虑、控制型的母亲和备感束缚的女儿

一些女儿会抱怨母亲控制欲很强。那什么叫控制欲呢？

控制就像一根绑在对方身上的绳子，有时是必要的，就像婴幼儿学步阶段，有的父母会用专门的绳带缚在孩子身上，另一头牵在自己手里，以防孩子摔倒；有时控制却是多余的，甚至让人痛苦，就像孩子已经可以安全奔跑时，仍要用这样的绳带将他们束缚住。

控制是不是过分，取决于控制方式和程度是否和孩子的发展状态匹配。

比如对一个 10 岁的孩子，要求他晚上九点前必须回家，去哪里、和谁一起玩都要告诉父母，这样的做法并不过分，甚至非常必要。

但对一个 20 岁的孩子（已经是成年人了！），这样的要求可能就没必要了。

很多母亲都对女儿有超出必要范围的控制，比如有的母亲会要求自己已经成年的女儿：

● 按照自己觉得"得体"的方式穿衣服；

● 交往的朋友，无论男女，都必须清楚对方的家世底细，并征得自己的同意；

● 和谁一起出去玩、做了什么，都要如实地告知自己；

● 涉及人生选择的大事，比如考试填报志愿、找工作、定居、买房、择偶等，都必须先经过自己的同意……

这些要求算不算"过度控制"呢？——这是母女之间，甚至两代人之间经常争议的话题。如果女儿和同龄的闺蜜说："我都 20 岁了，我妈还用这些要求来约束我。"闺蜜可能会深表同情："是啊，都什么时代了，还这么古板！"

而如果母亲去跟她的同龄朋友抱怨："我就给她提了这么点儿要求，她居然觉得我过分，真让人生气。"对方可能也十分理解："是啊，你这都是为她好啊！女孩不好养，现在坏人那么多，出点事怎么得了？等她以后嫁人了，自己当了妈，才会明白你的一片苦心。"

母女之间为什么会有这样的代沟呢？恐怕是因为她们看到了两个截然不同的世界。20 世纪 80 年代到 2000 年前后出生的女性，看到的是一个经济日渐繁荣、生活日趋丰富、相对安全的世界，自然也会想参与这种繁荣和丰富，她们早早学会打扮自己，参与同龄人的各种活动和交际，甚至发生一些浪漫的爱情故事。

而 20 世纪 50 年代到 70 年代出生的女性，虽然她们在成年之后也看到了世界的繁荣和丰富，但很难切身感受这些东西，相反，她们的心灵常常留在过去，活在自己早年看到的世界里。

很多人无法理解自己的父母，不明白他们为什么拿着退休金不愁吃喝，却愿意为了买便宜的白菜忍着膝盖疼痛提前半小时到超市门口排队；每次来看子女都要带一大堆食物把冰箱塞满；买来的东西用一段时间找个借口退掉还自以为占了便宜……其实他们既不是"素质低"，也不是"想不开"，只是心灵还活在过去饥饿和匮乏的创伤中，因而保存着当时情景下的最佳生存策略。

有些母亲对早年经历的事情讳莫如深，拒绝讨论，故而感受层面留下的阴影更难驱散。她们总觉得这个世界不安全、不友好，四处布满陷阱、潜伏着危险。她们会被各种负面的社会新闻吸引，因为这些信息激发的焦虑和不安，正和她们对这个世界的感受相吻合。

正值青春的女儿则难以理解母亲的这种态度。因为她们一路读着教科书长大，被世界日新月异的变化所吸引：流行的服饰、刚上市的科技产品、好看的电影动漫、偶像的最新动态……

除了时代变迁的因素之外，女儿和母亲由于年龄的差异，她们之间也自然存在着"风险偏好"的差异。所谓"初生牛犊不怕虎"，未经世事者，总是更敢于冒险。

公园里刚学会走路的孩子，看到几米远处的牵牛花，会快速往前走，只想立刻抓在手里；身后的母亲则一下子绷紧了神经，担心路上有石头、青苔、台阶，或玩轮滑的大孩子朝这边冲过来，所以她要立即上前拉住孩子。

这种拉扯，通常会在家长和孩子之间持续很多年。

但是如果母亲由于创伤导致的不安全感、被抛弃的恐惧甚至被害妄想过于强烈，她对女儿的控制就会超出常态，让人窒息。

● 生存安全感不足的母亲，可能会在女儿牙牙学语时就教她数学和英语，希望她一路学习优秀（且仅仅学习优秀，体育、文艺、外表穿着，都不要出众）；在"尖子生"女儿终于毕业后，又要求她从事一份稳定的工作，例如医生、公务员、教师，全然不顾及女儿个人的兴趣和潜力。

● 有被抛弃恐惧的母亲，早年可能没有稳定的情感依恋对象，所以下意识地希望女儿来扮演这个角色。她们喜欢实时掌握女儿的各种动态，也许嘴上说"为了你的安全"，但其实是担心女儿"抛弃"自己。有的母亲会希望女儿秒回信息，如果女儿没有接电话，就会怀疑她是不是出了什么事；有的母亲会以各种理由阻止女儿去外地求学或工作；还有的母亲不能接受女儿有任何自己不知道的"小秘密"——在她们看来，"秘密"意味着"隔心"，"隔心"意味着背叛和抛弃。

● 有被害妄想的母亲，则会时常用负面的社会新闻案例对女儿进行说教。

备受束缚的女儿，起初多半会接受母亲的控制，牺牲自己的感受和愿望，以维持和母亲的良好关系。但当她们的自我力量积聚起来时，可能就会开始反抗母亲。

这种反抗有时是明显的，比如生气、发火、争吵；有时则是隐秘的、无意识的，女儿自己也察觉不到，比如母亲想让女儿用功学习，女儿却常常对着书本发呆；母女二人一起出门旅游，"一不小心"就走散，女儿的手机还偏偏没了电……

过度的控制迟早会引发反抗，两三岁的孩子会通过乱扔食物来反抗父母；青春期的孩子可能通过拒绝穿秋裤或早恋来反抗；到了青年时期，这种反抗则可能是放弃自己的学业或嫁给一个并不适合自己的人；到了中年，则可能会辞职、出轨、离婚……反抗发生得越晚，破坏性越大。

当女儿意识到自己在反抗母亲时，也许表面气势汹汹，但内心常有很多复杂的感受。

- 自责——"妈妈为我付出了这么多，我居然还和她对抗。"

- 羞耻——"我这么不孝顺，没脸见人了。"

- 失望——"为什么妈妈不是我希望的那个样子呢？"

- 恐惧——"我这样对妈妈，她会不会不爱我？会不会憎恨我？"

- 共情——当自己的反抗让母亲难过时，自己也会感到难过，仿佛受到了母亲情绪的感染。

而母亲意识到孩子在反抗时，也会有各种复杂的反应。

- 愤怒——女儿居然反抗自己。

- 委屈——女儿不能明白"当妈的一片苦心"。

- 被背叛和被抛弃感——女儿从此不属于自己了，唯一一个无条件服从自己的人没有了。

● 焦虑和恐慌，被害妄想被激起——"女儿这么倔，一定会吃亏的！真的吃亏了将来可怎么办好？"

● 失望——"女儿不会成为我希望的样子了。"

如果母亲不愿体会失望的感觉，可能会加大控制力度，要么用强势的手段进一步压制、掌控女儿，要么用"弱势"的手段，让自己显得可怜，甚至无意识地引发某种躯体疾病，以此来胁迫女儿屈服。

另一种更严重的常见控制手段是下一节要介绍的内疚感控制。

第四节

内疚感控制型的母亲和为母亲而活的女儿

内疚感控制作为母亲控制女儿的手段之一，往往很有效，所以不少母亲会集中使用这种方式来掌控女儿，又因为这种掌控方式极难摆脱，因此给女儿的性格造成的负面影响也十分深远。

所谓内疚感控制，就是通过引发对方的内疚感，来左右对方的行为和决定。最常见的内疚感控制的表达，就是这样一个句式："我做了……，（所以）你如果……，对得起我吗？"比如：

"我辛辛苦苦把你养这么大，你都30岁了还不结婚，对得起我吗？"

"我都被你气成这样了，你还要一意孤行，对得起我吗？"

"我这样做都是为你好，可你还不领情，不懂我的苦心，对得起我吗？"

虽然这个句式中间有个"所以"，仿佛有什么因果关系，但细究起来，其前后内容之间其实常常没什么关系，只不过前者是母亲的付出，后者是她的期待——可以说是一种"强买强卖"。

女儿很难摆脱母亲的内疚感控制，她只要稍一懂事，就会发现母亲的确已经为自己付出了不少。

有些女儿会用"以牙还牙"的方式应对母亲的内疚感控制，比如母亲要求女儿和自己安排的对象结婚，女儿明知这个人不适合自己，却还是和对方进入婚姻，当母亲看到女儿婚后生活不幸福而懊悔时，女儿却会报复性地说："现在你满意了吧？"从此之后，终于凡事可以自己做主，如果母亲阻拦，只要重提这件事，就能让母亲感到内疚。

内疚感控制在母女之间很常见，父子之间却很少见。它是一种柔性的、示弱的控制手段，可以把自己放在道德制高点上"绑架"别人。男性极少使用这种方式，因为他们不喜欢示弱，而更喜欢调动自己的权威和力量去压制对方。同时，男性也不太吃这一套，相比女性，他们更加自我，甚至毫不掩饰自己缺乏同情心。女性则更在意别人的感受，更愿意维持一种"善良"的外在形象。

日剧《凪的新生活》里，女主人公凪的单亲母亲就是一个内疚感控制的高手。母亲在北海道乡下以种植玉米为生。女主人公小时候有"密集恐惧症"，母亲把煮好的玉米放在她面前时，她难受极了，紧紧地闭着眼睛。母亲见她不吃，直接把玉米扔进了垃圾桶。凪问：

"你怎么扔了呢？"母亲说"因为你不吃啊"，并看着垃圾桶里的玉米，装出很难过的样子说："可怜的玉米啊，这是妈妈、外婆和大家拼尽全力、花费心血种出来的，都是因为凪，就这样被扔掉了。"

说完，扭过头意味深长地看着凪。从此以后，凪只能在母亲面前装出一副很喜欢吃玉米的样子。

为了不感到内疚，凪完全按照母亲期望的方式生活，放弃自己的梦想寄钱给母亲修房子，同时把生活中所有人都投射成母亲，在他们面前察言观色、卑躬屈膝、处处遭受欺凌和剥削，同事一个眼神就让她主动出来为别人的错误承责，最后导致她不堪精神压力而辞职。

内疚感控制对双方都会带来负面影响。由于内疚感控制本质上是一种精神绑架，那些通常被用来摆脱控制的方法，比如抵抗、拒绝、反叛、还击等，对内疚感控制却毫无效果。被内疚感控制的女儿，很多都深陷其中无能为力，只能沦为母亲的"提线木偶"。她们能找到的反制方式，往往还是内疚感控制，比如前面提到的，通过破坏自己的生活来让对方内疚。

内疚感控制对控制方影响也不小。女性常处于弱势地位，一旦发现内疚感控制如此奏效，她们很容易深陷其中不能自拔，遇到什么事都使用这一招儿。但就像前面讲到的，内疚感控制者需要把自己放在受害者或牺牲者的位置上，为了坐稳这个位置，女性可能会故意让自己受到一些伤害，或者持续地做出牺牲。

比如，当母亲发现自己任劳任怨为家人付出可以作为内疚感控制的筹码时，就可能加强这种模式——明明可以请人来做家务，偏要拖着虚弱的身体亲力亲为；明明不缺食物，偏要每顿饭都包揽家里的剩菜吃。这些事虽然对她自身没什么好处，但可以为她积累控制筹码，以后当她想在家庭事务中发挥自己的影响力时，就会说："我身体不好还每天做家务，吃饭的时候都把新鲜的菜留给你们。我为你们付出了这么多，你们居然不尊重我的意见，对得起我吗？"

这种控制他人的方式，可以说是"杀敌一千，自损八百"。但还是有些女性沉迷于此，因为这种方式的效果实在太好了，只要对方还在意自己，还不想被扣上"坏人"的帽子，就屡试不爽。

内疚感控制还有进一步的表现：躯体化反应。有的母亲让女儿产生内疚感的方式，已经不是语言表达，而是身体疾病或症状。比如女儿不听话时母亲就开始头疼、血压升高、犯心脏病，女儿看到母亲因为自己而生病，会产生强烈的内疚感，只好对母亲言听计从。

不论哪一种，内疚感控制的方式都很容易被女儿学会，沿着母女关系代代相传。

第五节

对自己人生失望的母亲和"女承母志"的女儿

把自己生命历程中的经验教训传递给下一代，可以说是一种本能。

母亲会给女儿传授一些经验和技能：怎样穿衣打扮、怎样和异性相处、怎样保护自己、怎样挑选结婚对象、怎样备孕、怎样分娩、怎样坐月子、怎样育儿……这些事耗费女性相当大的精力，且随着人生阶段不断更换内容和主题，母亲对自己这些说不上多有经验的经验，总是迫不及待地传递给自己的女儿。尤其是关于择偶和婚姻的经验。

我的母亲初中就读于女校，退休后在一次同学聚会上聊起各自的人生，母亲回家后总结说："其实女人后半生过得怎么样，主要取决于嫁了一个什么样的男人。当年谁读书用功、谁学习成绩好、谁有什么特长和爱好、谁性格如何，这些因素在后来的人生发展中渐渐被稀释，几近于无，反倒是婚姻，几乎决定了之后的一切。"

少有女性对自己的婚姻完全满意，婚姻仿佛是女性的人生，"不如意事常八九"。在哪些方面不如意，决定了母亲会对女儿寄予怎样的期望，施以怎样的叮嘱。

母亲过度地传授经验会给女儿造成一种"入侵感"（不是我的东西被硬塞给了我）。对待这种生硬的异物，女儿可能唯命是从、照单全收；也可能抵抗或者因为听得太多而更加好奇，偏要反其道而行；甚至可能像本章第三节说的那样，下意识地"阳奉阴违"（意识层面认同、潜意识层面逆反）。

不论女儿如何反应，从长远来看，母亲过度地传授经验所带来的弊端往往多过好处。比如：

● 遭遇家暴的母亲常常希望女儿找一个文质彬彬、没有攻击性的男人，有时女儿自己也希望这样。女儿因此会找到一个懦弱的男性，或者一个善于使用"被动攻击"的男性。对方可能从不动用暴力，而是用拒不合作或有意无意地暗中破坏来表达愤怒和不满。在这样的婚姻中，女儿虽然没有受到身体伤害，日子却过得相当糟心。

● 如果父亲经济条件不佳，社会地位不高，母亲也会对女儿多有抱怨和叮咛：由于父亲不能挣钱，自己受过多少生活的磨难，遭受过别人多少白眼，每天为柴米油盐挖空心思，上了年纪落得一身病痛……结论当然是：要找一个家庭条件好的男性结婚。

● 有的父亲有大男子主义，认为自己已经挣钱养家了就可以什么都不干，要母亲独自操持家务，甚至对母亲呼来喝去，言语不敬。母亲常常选择忍受。在这样的婚姻里苦熬的母亲，会叮嘱女儿：找对象，一定要找个尊重你、平等待你的人。

● 有的父亲性格有问题，比如有某种人格障碍，或者蛮不讲理，或者和自己的原生家庭关系过于密切，母亲在家庭关系中也会备受折磨。这时她会告诉女儿：找对象一定要看性格好不好，看对方的家庭和父母，千万不要找"有问题"的人。

● 如果母亲善于观察生活和总结，最终会给女儿一个综合性的告诫："找对象要找原生家庭没问题的、经济实力强的人，而且他还得有工作能力、尊重女性，脾气性格也要好。"

母亲也许认为自己的问题在于后知后觉，只要把这些"道理"及时告诉女儿，就可以帮女儿过得更好。

女儿自己想要什么呢？母亲看不到。

母亲仿佛要让女儿替不如意的自己重新活一遍，这样就可以弥补她的一切遗憾、委屈和怨念。

女儿可能会在很长时间里误认为，如果相信自己的判断、过自己想要的生活，就会伤害母亲。她们要到相当成熟的时候，才会明白，伤害母亲的不是自己，而是这个世界的真相。母亲对她失望的痛苦，是一个从美梦中醒来的人的痛苦。

第六节

自恋的母亲和自卑的女儿

很多女性都有自卑的心理。

有不少女性，她们可能已经很优秀，但仍觉得自己不够好，认为自己只是靠运气侥幸成功；在择偶方面，则觉得自己配不上优秀的男性，常常在一些自大的男性面前表现得没有底气，甚至自我怀疑。

自卑的女性各有各的成长经历，但她们的自卑会表现出一些常见的共同原因。

（1）性别自卑

有些女性从小可能受到一些暗示（或明示），认为女性在很多方面不如男性。这种暗示深入女性的内心，比如当女性在数学、哲学、编程、驾驶这些领域遇到困难时，很容易怀疑是自己不行，而不是像很多男性那样单纯地觉得这件事太难。

（2）大家族氛围

有些家族中存在男尊女卑的封建思想，不仅女孩自己在家族中不受重视，她的父母甚至也会因生下女儿而被人轻视。

这自然会加重女性的自卑。

（3）来自父母的苛责和过度要求

有些父母对女儿太苛责、要求过高，让女儿以为是因为自己不够好，才得不到父母的爱。于是，她们努力变得优秀，但换来的只是父母更高的要求和期待，仿佛他们对女儿的成就永远不满足，父母对女儿这种苛责的态度，会加深女儿的自卑。

（4）缺乏养成自信的条件

与自卑相对的是自信。

本书第二章重点讲述的六大母职中，有三个都和自信密切相关。自信是怎样产生的呢？

　　● 如果作为"镜子"的母亲能够多给女儿赞赏和认可，女儿就会看到一个"好的""可爱的"自己。

　　● 如果女儿从母亲那里得到了足够的及时响应，她会更有底气，觉得"我是重要的，我值得被尊重。"

　　● 如果母亲能帮女儿承载和调节情绪，女儿就会更乐观，觉得

"有人会帮助我，一切都会好起来"。

这些都构成了女儿获得自信的基础。

（5）有一个自恋型人格的母亲

这个原因是本节讨论的重点。你会看到，自卑是怎样从母亲身上隐秘地传递到女儿身上的。

并不是所有自卑的女性都会在心里直接体验到自卑的感觉。自卑的感觉让人如此难受，为了回避它，不少女性会通过扭曲现实，来制造一种"自己很不错"的幻觉。于是，她们反而表现得很"自恋"。

自恋的人往往并不受欢迎，"自己很不错"的想法也不一定能得到别人的认可，但在女儿面前，她很容易让孩子觉得妈妈"好厉害"，母亲只要对女儿稍加解释，就能在女儿面前感觉良好。比如：

● 自恋的母亲可能没有朋友。当这一点被女儿发现，母亲可能会说："这是因为大家都嫉妒我。"女儿听了，会认为母亲是一个过于优秀而被他人排挤的人。要到很多年后，她才可能发现真相：母亲其实是因为自恋而交不到朋友。

● 有些自恋的母亲不能照顾女儿的一日三餐，而是给点零花钱让她自己解决。但她会说："你看别的孩子只能每天在家里吃饭，我给你那么多钱，你想吃什么都可以去买。"

● 有的自恋的母亲心思不在女儿身上，对女儿的学业和发展毫不关心，但会对女儿说："妈妈是非常开明的，你做什么决定妈妈都支持你。"

听这套话语长大的女儿，会觉得母亲非常优秀，对自己也很好。当她们发现自己出了一些情绪问题（比如抑郁）、感到极度自卑、无法完成学业时，常常会深深地自责："妈妈那么好，我还变成这样，那无疑是我自己的问题了。"

这样的女儿甚至会对"原生家庭那一套"嗤之以鼻，她们即便寻求心理咨询，往往也要花很长时间才能逐渐认清被母亲扭曲的真相。

另一个能让自恋的母亲感觉良好的方式，就是贬低周围的人。在外人面前，自恋的妈妈会努力让人觉得女儿聪明，懂事又乖巧，因为她是"好妈妈"，女儿自然是好女儿。但在家里，自恋的母亲常常通过贬低女儿来维持良好的自我感觉。

● "你就是长得像你爸，要是像我怎么会那么难看？"

● "你的衣品要是有我十分之一就好了。"

● "这么简单的事都不会做，我在你这么大的时候早就……"

女儿会把这些扭曲的评价奉若真理，因为是从妈妈口中说出来的——她是个了不起的人。

自恋的母亲为了逃避内心的自卑感而对女儿进行贬低，会直接导致女儿自卑；而她对现实的扭曲，又会让女儿更难适应真实的生活，从而进一步加重了女儿的自卑。就这样，自卑就从母亲身上传递到了女儿身上。

自卑会对女性的一生造成很多负面影响。

（1）回避竞争和挑战，学业和事业发展受限。

自卑的女性会害怕失败，害怕自己不如别人，害怕别人说自己不好，她们可能会尽量回避一切冒险和挑战，只肯做那些四平八稳、不可能失败的事情。这当然会导致她们的才华和能力得不到充分施展，而且这种情况可能会持续终生。

（2）为别人做嫁衣

自卑的女性有时也有自己喜欢做的事，也想获得投入工作的满足感，也想在工作中证明自己的能力——但她们不敢向别人证明，只敢向自己证明。她们害怕在聚光灯下成功，那会带来一种"我不配，我是假的，我只是侥幸成功，我羞于得到赞赏……"的感受。所以，她们有时会选择"辅佐"别人，为别人做嫁衣。但这也就会导致她们难以取得真正属于自己的成就。

（3）亲密关系中"向下联合"

自卑的女性交往的男性，常会让周围的人觉得"配不上她"——其实她内心深处也知道这一点，甚至是有意选择了这样的男性。她觉得，在这样的男性面前，自己终于可以抬起头来，不会被苛责和挑剔，甚至会得到赞许和崇拜。

（4）情绪抑郁

一方面，自卑的女性如果被忽视、被苛责、被否定、被贬低、被嫌弃，很容易变得情绪抑郁；另一方面，如果她们因为自卑而使才华得不到施展、付出得不到应有的回报，也容易导致情绪抑郁。

走出自卑当然有很多方法，这方面的心理学图书和文章也非常多。但由于各种原因，不少女性仍然很难获得真正的自信。如果自卑的女儿有个自恋的母亲，而且母女比较亲近，那么这种母女关系往往是女儿获得自信的最大障碍。

自恋的母亲制造了一个扭曲的世界，自卑的女儿是其中一块重要的基石，支撑了母亲的自尊和自我良好的感觉。如果有一天女儿变得自信了，母亲的虚幻世界可能会坍塌。这时如果母亲没有找到其他自欺欺人的工具，就不得不面对自身的真相了：她其实是个非常普通的女性，而在做母亲这件事上，也许她还比不上很多普通的母亲。

第七节

坐在女儿位置上的母亲和没有童年的女儿

"乌鸦反哺"是很多家长喜欢拿来教育孩子的故事。就故事本身而言，父母年老衰弱，无法照顾自己时，子女用照顾父母作为回报，这样的"反哺"合情合理，无可厚非。

但现实生活中，一些父母对"反哺"的期待过于急切、贪婪，他们把养育儿女当作一种永远花不完的道德筹码，在任何自己想要兑换的时间、场合，只要抛出一句"我辛辛苦苦把你养这么大……"后面的要求再怎么过分都是天经地义了。

他们可能没有耐心等到孩子完全成年、自己衰老到无法自食其力时再要求这种"反哺"，他们会尽早培养孩子的反哺意识和自觉，让其深入骨髓，贯穿孩子的一生。

对"反哺"的期待更容易发生在母女之间，原因主要有两点。

① 女性更容易被期待成为照顾者。

② 过去，很多女性从原生家庭得到的照顾和关爱较少，相比父亲，母亲的内心更匮乏，更缺爱，更需要孩子的"反哺"来弥补自己童

年的缺失。

在倒置的母女关系中，母亲很早——甚至在女儿还不懂事时，就有意无意地训练女儿回报自己，承担"母职"。比如，要求女儿

- 在日常起居上照顾母亲。

- 保护母亲免受他人（比如父亲）的伤害。

- 做母亲负面情绪的垃圾桶。

- 安慰和取悦母亲。

- 给母亲安全感。

   ......

女儿不仅要做母亲的"小棉袄"，还要做母亲的"出气筒""心理咨询师"和"父母"。女儿不仅要在生活上照顾母亲，还得在精神上安抚母亲说：

"你是对的，他是坏蛋。"

"我一定会保护你。"

"你别哭了，我以后会对你好的。"

"我永远不会离开你。"

"你不高兴就打我吧。"

这样的女孩长大后，很多都不愿进入婚姻，不愿组建家庭。而且由于童年记忆可能被压抑，她们往往自己也不知道为什么。但如果能把这种感受用语言表达出来，那就是："我没有童年，从小就被逼着做妈妈的'妈妈'，现在我终于长大了，何不自由自在地生活，为什么要结婚、生子、做妈妈呢？"

还有一些女儿可能完全屏蔽或否认了这种创伤，转而认为正常的母女关系就该是这样。她们反而很乐意早点结婚生育，"女儿熬成妈"，好从自己的孩子身上加倍讨还——这样，不健康的母女关系就代代相传了。

第八节

不适当的认同和共生关系造成母女关系孤岛

这一节要讲两个概念：认同和共生。二者常常同时出现，并且会相互强化，像麻绳那样拧成一种不健康的母女关系。

认同就是一种变得和对方一样的倾向，认同的对象可以是人，也可以是某种事物。

孩子对同性父母很容易产生认同，其中一部分认同是有意识的，是一种"我想和你一样"的愿望；另一部分认同则是无意识的，和对方相处久了，很自然地越来越像对方。

孩子对父母的认同包括认同他们的思维方式、观念、情感和需求。

女孩对母亲的认同，可能涉及生活的方方面面：穿衣打扮、说话习惯、为人处世，等等。如果想知道认同母亲对自己的影响有多深，你可以先试着回答下面这些问题。

- 你觉得什么样的穿衣风格比较好看？

- 做家务时你有哪些习惯和偏好？

- 你是怎么做菜的?

- 你觉得什么样的人值得交往?

- 你觉得什么样的婚姻生活和家庭生活是好的?

回答完这些问题后，可以用这些问题去采访一下你的妈妈，看看你们的答案有多少是相似的。

很多女性都没有觉知到认同母亲对自己的影响有多深。她们一直认为"不就该是这样吗？"

认同的力量有时很可怕，有的母亲一生命运多舛、遇人不淑、辛苦劳累。女儿如果认同了这样的母亲，有时会下意识地重复母亲的命运，仿佛觉得只有和母亲一样悲惨，自己才是个好女儿，如果自己过上幸福的生活，那就是背叛了母亲。

女儿对母亲的认同，通常会经历 3 个阶段。

第一阶段：大多数孩子在小的时候，会认为父母就是世界上最了不起的人。在没有遭受重大创伤的情况下，小女孩可能自然地出现对母亲的认同："我要成为像妈妈那样的人。"

第二阶段：女儿慢慢长大，接触的人多了，眼界也宽了，她发现母亲并不是最优秀的女人，比母亲更优秀的女人还有很多。这时，她可能会认同一个明星、公众人物、历史英雄或文艺作品中的角色——女儿开始想成为那样的人了。

第三阶段：女儿越来越成熟，她发现这个世界是丰富多彩的，每个人有每个人的活法，自己不需要变得像谁，只要做好自己就行。这是她精神上真正的独立，她不再需要偶像和榜样，她可能会向那些优秀的人学习，以其为参考来规划自己的人生，而不是想成为对方。

但如果女儿对母亲过度认同，她就会沿另一条路径发展。

第一阶段和前面一样，女孩天然地觉得"我要成为像妈妈那样的人。"但在第二阶段，女孩没有转而认同别人，而是加深了对妈妈的认同，想"变得和妈妈一模一样"。而在第三阶段，女儿仿佛实现了第二阶段的目标："我就是和妈妈一样。"

认同，是一种快速学习、传承经验的方式，就像小鸭子学着鸭妈妈的样子游水，小猫学着猫妈妈的样子扑老鼠一样，女儿学着妈妈的样子穿衣打扮，也是因为比起独自探索，这样的直接学习可以让她更快地找到让自己受欢迎的方式。

母亲当然也希望女儿认同自己，这能让她感觉自己的经验是有用的，生命得到了延续，精神得到了传承。

越是在稳定的时代，认同越普遍。直接学习上一代的经验，能省掉很多独自探索的时间和精力。但在日新月异的时代，认同带来的弊端就越来越多：女儿和母亲所处的时代完全不同，过多的认同会让她失去学习和探索的机会。

女儿对母亲过度认同常见的原因有两个。

一个常见的原因是，那些早年失去母亲的女儿，还没有完成对这一丧失的哀悼，于是通过保持对母亲的过度认同让母亲"活在自己身上"。如果放弃对母亲的认同，就仿佛让母亲"真正地离开了"。

另一个更常见的原因是，女儿对母亲的认同得到了母亲的鼓励，而对其他女性的认同则受到母亲的打压。也就是说，母亲不允许女儿不认同自己。

一般而言，越是自恋、没有安全感或控制欲强的母亲，越容易用各种方法强化女儿对自己的认同；而心理健康、通情达理的母亲，则会接受女儿成长过程中对自己认同的减少，慢慢消化随之而来的伤感和失落。她知道，这样才能让女儿拥有更好的生活。

不少女性并没有意识到自己对母亲有过度的认同，但她们平时的思维习惯已经明显体现了这一点。她们讨论问题时常说："我妈说……"做决定或具体执行的时候，又常想："如果是我妈，她会怎么做？""如果我妈知道我这样做，她会怎么想？"仿佛母亲就住在自己心里，一举一动都要向"她"请示。

如果家里有很多兄弟姐妹，大女儿最容易过度认同母亲。大女儿会认同母亲到什么程度呢？她可能会忘了自己是个孩子，忘了自己的需求和发展道路，而以为自己是这个家里的另一个"妈妈"，表现出超越真实年龄的成熟，承担起过多照顾弟弟妹妹的责任，同时也像母亲一样管教他们。

这种过度认同母亲的大女儿是很辛苦的，她们往往没有自己的童年，小时候要照顾弟弟妹妹，长大后又要承担照顾父母的角色，对家庭做出了很多牺牲和奉献。

过度认同母亲的女儿，可能会丧失真实的自我：如果我不是和妈妈一样的人，我还能是谁呢？

而真实自我的丧失则会阻碍她们学业和事业的发展。

很多女孩努力学习，是因为父母认为努力学习好，周围的人也会因此给予更多关注和赞许，但她们并不知道自己真正想要什么。选择的学业和事业不切合真实的自我，动力就会不足，表现也不好，社会成就自然就低了。这会让她们产生自卑感和低价值感。

所谓"共生"，就是两个人之间没有边界："我和你是一体的。"这种一体感常常会带出一种愿望："我和你永远不分离。"

和认同类似，共生也有健康和不健康两种发展路径。

健康的共生发展可以分为四个阶段。

第一阶段："我和妈妈永远不分离。"

每个人来到世上的最初一段时间里，都和自己的母亲是共生状态。在出生前，孩子就是母亲身体的一部分。出生以后，婴儿的生存依赖于母亲，母亲和婴儿在身体上有紧密的连接，在情感上也非常需要彼此，这种共生状态仍然存在。

第二阶段："我可以离开妈妈一段时间。"

在这个阶段，孩子已经建立起一定的安全感和独立能力，可以暂时和妈妈分开。作为一个渐进的成长过程，这个阶段很漫长，从一两岁时可以自己单独玩一会儿，到上中学时可以住校一学期再回家。

第三阶段："我希望可以不时回到妈妈身边。"

正像第二章第七节提到的，女儿很少在成年以后就不再需要母亲（或是一个类似母亲的角色），当她们经历失恋、婚姻、怀孕、生育、离异等重大事件时，都有可能变得像孩子般无力和脆弱，希望再次回到母亲身边待一段时间，获得母亲的照料、支持和滋养。她需要母亲做她坚强的后盾，做她的"大本营"，让她在遇到困难时仍然可以回去。

第四阶段："海内存知己，天涯若比邻""知道你在那里就好"。

在这个阶段，女儿基本不再需要母亲支撑了，对母亲的存在更多是一种情感的依恋，一种"知道你在就好"的感觉。

相比之下，不健康的共生关系则相对停滞，没有太多发展。女儿和母亲"黏在一起，难舍难分"的状态，可能会延续到青春期、成年期，甚至持续终生。

这种"你离不开我、我离不开你""你中有我、我中有你"的状态，很多时候是舒适而甜蜜的：两个人对对方的不快感同身受，相互关怀、照料，共同抵御人生的孤独，面对生活的磨难，仿佛"世上有你就够了"。

但这种关系是排他的，一旦涉及第三个人，问题就会暴露出来。

不健康的共生关系对女儿最大的负面影响，会呈现在她与别人的亲密关系方面，常见的情况有三种。

① 女儿结婚以后，情感上仍处在和母亲的共生关系中。此时丈夫常会尴尬地发现，妻子什么事都要和她的母亲说，在她母亲面前，夫妻几乎没有隐私可言。而且家里的大事情，妻子都要和她母亲商量。而妻子的母亲也会毫不见外地插手女儿的家庭事务，使女儿和女婿长期没有基本的私密空间，夫妻关系因此受到影响。

② 一些习惯了共生关系的女儿，会在找伴侣时怀有一种共生幻想，简单来说就是："我们只爱彼此，其他人都不重要。"

婚后，女儿的共生幻想从母亲转移到伴侣身上。她和伴侣建立的关系是排他性极强的二元关系，任何可能介入这个二元关系的人都会引发她的嫉妒和敌意。在这样的女性看来，不只第三者的出现会破坏她和丈夫的关系，就连公公婆婆、丈夫的男性好友，甚至自己的孩子，都是这种亲密关系的潜在破坏者。

这种情感会让妻子对丈夫过分猜疑，对他过往的情感经历十分介怀。有的丈夫很照顾妻子的感受，愿意尽量配合，好让妻子对这段关系产生信任和安全感。他们下班按时回家，和谁见面如实告诉妻子，自己的手机和邮箱都允许妻子随时查看，同事、好友的聚会也尽量不去参加。但即便这样，妻子还是很生气："是啊，现在你心里只有我，但在认识我之前，你的心给过别的女人啊！"

听到这种话，丈夫会哭笑不得。这看起来像个死结，但其实问题的根源并不在于夫妻关系，而在于妻子和她母亲的共生关系——她还没有放弃自己的"共生幻想"。

③ 还有一些没有走出和母亲的共生关系的成年女儿，根本没有兴趣寻找伴侣。女儿认为自己和母亲相互了解、配合默契、交流顺畅、有相同的三观和生活习惯、相互信任、心疼彼此，不可能有某个男性能跟自己建立这么舒适的关系。

过度的共生关系不仅对女儿有不良影响，对母亲也有很大损害。

这种共生关系的持续，让孩子永远无法"长大"，也让母亲无法完成养育工作，无法进入下一个人生阶段。

为什么有的母亲不愿意女儿离开自己，而希望把不健康的共生关系维持下去呢？常见的原因有 3 个：

① 丈夫的缺位或情感缺失，可能让母亲把情感需求转向孩子，希望孩子一直陪伴自己。

② 母亲的童年创伤。如果母亲的成长过程中没有和父母形成稳定的

依恋关系，可能就会希望在女儿身上补偿这种愿望。

③ "母职结束"带给母亲的恐惧和虚无。不少女性进入"母亲"这个角色后，放弃了其他社会角色和发展的可能性（职业、事业或爱好）。但孩子渐渐长大后，女性如何重建自己的社会身份和角色认同呢？面对这个大难题，一些女性下意识地选择了回避，决定永远停留在"母亲"这个自带道德光环和权力的角色中。

母亲要做"永远的母亲"，深爱她的女儿就只好配合她做"永远的女儿"了。

不健康的认同和共生常会相互强化。比如和一个人相处越久，越会觉得其三观和生活方式理所应当，这就是共生加强了认同；进而越会觉得和其他人相处很麻烦，以至于没有兴趣和其他人相处，这就是认同加强了共生。

这种共生关系和认同的相互强化，会让母女二人形成一个关系的孤岛，使之走向封闭和停滞，不再展开各自的人生。

这样的状态不会永远持续，当母亲离开这个世界，女儿只能在孤独无依中艰难地重建自己的人生。

第九节

嫌弃女儿的母亲和憎恨母亲的女儿

上一节介绍的认同和共生是"靠得太近"的关系模式，还有一种类型与之截然相反，就是"仇恨和拒斥"。

虽然仇恨和拒斥的母女关系模式不像共生和认同那么常见，但也并不少见。

那么，是什么原因导致母女之间出现仇恨和拒斥的情感呢？

先说女儿。上一节提到，母亲和女儿之间更容易发生认同和共生，共生是"我们是一体，永远不分离"，认同是"我要和你一样"。但不是所有的母亲都会让女儿想和她在一起，和她一样。

什么样的母亲会引发女儿的仇恨和拒斥呢？常见的有三类。

① 母亲不符合女儿心中的道德标准。

② 母亲是被社会遗弃的边缘人。

③ 母亲给女儿带来过重大创伤。

而母亲一定想和女儿更亲近吗？也未必，比如在产后抑郁中的母亲就可能不想和女儿亲近。

母亲可能因为下面这些原因，对女儿产生仇恨和拒斥的情感。

① 家族中存在重男轻女的思想，女儿的出生直接降低了她的家庭地位。

② 母亲缺少他人的支持，由于独自养育女儿遭受了异常苦难。

③ 女儿的存在，激活了母亲幼年所受的创伤。

④ 女儿的出生打破了原有的家庭关系格局，比如丈夫把对妻子的宠爱转移到了女儿身上。这就意味着妻子不得不坐到母亲的位置上，但对此她并没有做好心理准备。

母女关系中存在或多或少的仇恨和拒斥，这一点也并不难理解，毕竟，养育女儿这件事对母亲来说本是很大的负担。而从女儿的角度看，没有母亲可以做到尽善尽美。女儿在成熟到足以接受这个现实之前，会对母亲有抱怨和不满，有时甚至想离母亲远一点。

母女之间的拒斥，可以让她们适当拉开距离，母亲能在一定程度上保有自我，女儿也有发展自己的机会。

但过多的仇恨和拒斥，会给女儿带来多种负面影响。

● 女儿可能会拒绝女性身份，不想结婚，不想要孩子，讨厌自己身体的第二性征部分，甚至贬低女性。

● 如果女儿对母亲的仇恨和拒斥受到外在力量的压制，比如舆论或周围的人要求她成为母亲的"小棉袄"，那么，女儿的愤怒和攻击可能会转向自身，在心理层面演变成内疚或自虐，在身体层面则可能表现出各种躯体症状。

● 有时，仇恨和拒斥可能让女儿不愿意依靠母亲，表现出过早、过分的独立。这样的女儿，虽然不会和母亲有多少情感纠葛，但会比同龄人辛苦。

● 女儿多少都会有些像自己的母亲。当这类对母亲仇恨和拒斥的女儿在自己身上发现和母亲的相似之处时，很可能会厌恶自己、为自己感到羞耻，甚至伤害自己。

● 女儿可能对"母亲"这一形象产生矛盾的情感，一方面对它怀有渴望，想要亲近；另一方面又容易对它失望，感到愤怒或怀有敌意。这种复杂的情感，可能会投射到她们的女性老师、女性领导、婆婆等"权威女性"身上，导致自己和她们的人际关系频繁出现问题。

而如果母亲对女儿有仇恨和拒斥情感，她可能会不想履行母亲的职能，不想好好照顾女儿，或者带着怨恨勉强去照顾女儿——不论哪种情况，都不利于女儿的成长。

第四章

家庭结构影响下，
六种不健康的母女关系

上一章介绍了母女之间常见的九种不健康关系，但还远不能涵盖母女关系的全貌。当我们把母女关系放在家庭这个背景下审视时，会发现家庭结构和其他成员也会影响母女关系。

家庭这个单位并没有固定的边界，家庭成员多的大家庭，每一个成员都会对母女关系产生不同程度的影响。在本章中，我将只把父亲和儿子纳入讨论，看看核心家庭中最常见的六种不健康的母女关系是哪些。

第一节

姐妹式母女关系
——亲密与排斥的混合

有的母亲心理上不成熟，但并没有发展出过度控制或要求女儿反哺的模式。这常常是因为另一位家庭成员比较好地承担了"家长"的责任，比如父亲。母亲在和父亲的关系中感到安全，于是卸下自己的防御，退行到孩子的状态。

这样的家庭中，只有父亲一位"家长"，母亲和女儿则成了两个小姐妹，她们之间可能发生这样的互动：

● 母亲常常陷入和女儿的争执，比如周末一家人去哪儿玩？节日怎么过？家居装饰怎样摆放？

● 母亲和女儿有时陷入竞争、相互嫉妒：谁是爸爸最宠爱的？她们会以"爸爸站在我这边"而洋洋得意，向对方示威。

● 有时，母亲和女儿又会亲密无间，抱成一团向爸爸提要求，或者一起奚落他。

女儿有这些表现是完全正常的，这就是大部分女孩在小学和初中阶段常常和其他女孩之间发生的互动。如果她有姐妹，很可能也会是这样。

女儿有时会觉得母亲和自己很平等，能玩在一起，不像别的母亲那样高高在上，对孩子管教严苛。但如果遇到事情，她就会发现母亲无法独当一面。母亲拖延、逃避、依赖，受挫时甚至会在公共场合崩溃大哭，或把女儿推到前面。这些都让女儿对母亲感到失望。

渐渐地，女儿可能会觉得自己生命中就像没有"母亲"，那个她叫"妈妈"的女人，不过是个披着成年人外衣的大孩子。这是一种极大的悲哀、难以言表的痛苦：她是个"没妈的孩子"，然而世间居然没有一个人看到这一点，以至于她常常怀疑是不是自己产生了错觉。

孩子的心灵成长通常比大人快。孩子是自然地成长，大人则常常因为创伤，"卡"在某个地方，需要额外的机缘和滋养，才能重启成长之路。因而这种"打打闹闹小姐妹"的关系不会一直持续，如果女儿在心理上比母亲成长得快，把母亲甩在后面，女儿的行为就会渐渐地有了改变。

- 女儿遇事开始直接找父亲商量。

- 女儿和母亲的争执变少了，她不想再和母亲一般见识。

● 女儿开始承担家里的部分责任，把母亲当成一个"小妹妹"来照顾和保护。

由此，家庭关系转入另一种模式：女儿坐上了"母亲"的位置，和父亲一同撑起这个家，保护母亲这个"孩子"。

这种关系里的女儿过早承担了成年人的责任，也会比较辛苦。但由于父亲的养育能力较强，和前文提到的反哺母亲的女儿相比，还是轻松不少。这样的母女关系也会给成年后的女儿带来一些消极的影响。

● 女儿的独立过程会过于顺利。因为母亲觉得和女儿有种类似"手足竞争"的关系，潜意识里可能巴不得这位"姐姐"早点离家，自己好独占父亲的爱。

● 女儿很可能没有"大本营"。在成年后遇到恋爱、结婚、生育一类的大事，父亲很难帮上忙，她只能靠自己。

● 女儿能向母亲学习的东西太少，她得花费比同龄人更多的精力为自己寻找性别榜样。

这些艰辛和上一章中介绍的很多女儿相比，已经没有那么厚重。这里我们可以看到，一个养育能力强的父亲，能在相当程度上缓和不健康的母女关系带给女儿的痛苦。

第二节

白雪公主和嫉妒的母亲

嫉妒是一种常见的情感，甚至也会发生在母女关系中。母亲对女儿的嫉妒，生动地表现在童话故事《白雪公主》里。进入中年、姿色渐衰的母亲，凝视镜子问：在自己作为王后掌管的国家里（也就是自己的家庭里），谁是最美丽的人？总有一天，镜子的答案将不再是"当然是您，王后"，而是变成"白雪公主"。

中年的母亲目睹自己身材日渐走形，皱纹爬上眼角，年轻时喜欢的衣服再也穿不上，即使勉强穿上也不得体；而身边的女儿则日渐长成一位妙龄女性，身材挺拔、皮肤细腻，浑身洋溢着青春活力。这种情况会让一个有自恋倾向的母亲感到痛苦。

嫉妒常常是一种复合的情感，其中可能包含求而不得的痛苦、对比产生的自卑、由衷的羡慕，以及恨意。这种恨意，一不小心就会成为摧毁对方的强大力量。我们平时看电视剧，尤其是爱情剧或宫斗剧，会发现很多反派女性都具有这种特质：她们出于嫉妒用尽全力摧毁别人的幸福。那一刻，自己的性命都可以不管不顾，更别说什么亲情、友情了。

现实生活中，母亲对女儿的嫉妒还不至于到这种程度，但的确会有意无意地做出一些伤害女儿的事。

母亲的嫉妒，有时会被女儿捕捉到。女儿对此的反应很大程度上取决于她对母亲的感情。

如果女儿对母亲的情感是仇恨和拒斥，母亲对女儿的嫉妒就会加剧这种情感，母女之间变得水火不容。但如果女儿对母亲的情感主要是共生和认同，当她察觉到母亲对自己的嫉妒时，就可能产生内疚和恐惧——为自己让母亲不快而内疚，同时害怕这种不快会让母亲远离自己。

这时，女儿可能会迎合母亲的愿望，下意识地限制自己的发展，自我破坏，或者回避竞争。

比如，她可能会小心地穿着打扮，避免"艳压母亲"；和同龄男性保持距离，以免让自己显得有吸引力；拒不参加年轻人的交际活动，以免令母亲不快。

当女儿成年进入社会之后，她可能对嫉妒非常敏感，很容易觉察别人因为被自己"比下去"而出现的不悦情绪，她会像救火队员一样，迅速上前扑灭这种情感。她可能会压抑自己的才能，回避一切竞争场合；尽量表现得平平无奇、乏善可陈，甚至刻意降低自己的存在感，以免被他人注意；不时制造一些烟雾弹，让周围人觉得她挺弱的。

有时，如果无法避免激起善妒母亲的不快，女儿只能选择离开原生家庭。

那么女儿的人生会走向何处呢？理想情况下，当然是找到她自己的王子。

白雪公主的故事遗留了一个问题：童话里常有去森林里打猎的王子，为什么不让白雪公主直接遇上一个，而要让她先遇到7个小矮人呢？

7个小矮人只是过渡，他们为白雪公主提供了亲情，一定程度上弥补了她缺失的父爱和母爱。白雪公主从被人嫉妒的可爱小女孩，成长为一个成熟女性之后，会受到来自后母的毒苹果的诱惑。

现实生活中，如果女儿被母亲嫉妒且父亲缺位，或者没有得到正常的母爱和父爱，她们在主动或被动地脱离原生家庭后，都不太可能会直接遇到真正适合她的伴侣。她们可能会出于自卑、低价值感、孤独感，或者没有能力照顾好自己，有意无意地选择与看似配不上自己的男性交往，在这种关系里重新被养育一遍。她们内心也许有些看不起对方，但在生活和情感上又比较依赖对方。有时，她们自己也清楚，自己并不想和对方永远在一起，对方能给她们的，更多是一种温暖的亲情，而不是让人心潮澎湃的爱情。

当她们对亲情的需求得到一定满足后，会越来越清楚地看到自身的价值，看到身边的"他"是个"小矮人"，关系常常就在这时走到了尽头，接下来，就该象征成年人情欲的"毒苹果"和"王子"登场了。

第三节

"爸爸是坏人"——联手抗"敌"的母女

猜猜当父母出现冲突时，女儿通常会站在谁那边？

当女儿成年后，有了一定的人生阅历和判断力，也许可以相对客观地看待父母之间发生的事。但在这之前的一二十年，甚至更长时间里，大部分女儿会选择站在母亲一边。

女儿和母亲相处的时间更长，更能体会母亲的难处；母亲给她很多实际的照顾，让她觉得母亲比父亲对自己更好；母亲有更多机会向女儿诉说自己的委屈，也更有可能把事情朝有利于自己的方向讲述。

在这些因素影响下，如果母亲和父亲发生冲突，女儿更容易和母亲结成同盟，把母亲当作受害者，而把父亲当作"坏人"和"敌人"。

母亲也可能因为向女儿倾诉、宣泄负面情绪，得到女儿的安慰和情感支持而获得某种"平衡"，变得更能忍受和父亲的不健康关系。

可惜女儿要很久以后才能看到这一点。她们小时候总是一边倒，觉得母亲好可怜，父亲是坏人，甚至断定"男人都是坏蛋""婚姻是女性的坟墓"。

其中一部分当然是真的，在夫妻关系中，男性霸凌女性的例子，比女性霸凌男性更常见。

但也有不少情况下，女儿长大时会看到更复杂的真相。

比如有的父亲很少回家，甚至和外面的女性传出绯闻。母亲在家里就常对女儿说父亲如何不好，自己如何可怜。女儿长大后慢慢发现，其实父亲不爱回家，是因为母亲总对他颐指气使，甚至用污言秽语贬损他（也许母亲对父亲做的，正是母亲小时候经历过的，只不过没有人意识到这一点，连母亲自己也没意识到）。这时，女儿能体会父亲的难处，不会再完全拥护母亲。

但母亲留下的影响也可能会深深烙在女儿的潜意识里，一些女儿甚至一辈子都不会发现父母关系的真相。

长期把父亲想象得太坏，可能对女儿产生以下几种负面影响。

（1）和父亲疏远

如果女儿对父亲怀有不好的印象，自然就不太会主动和父亲亲近，而忙碌的父亲可能不会对这种事上心，甚至认为"女儿长大了，男女有别"。一些女儿在成年之后，突然意识到父母关系的真实一面，才发现自己和父亲已经相互疏远，错过了很多年。

（2）用加害／受害的思维方式理解亲密关系

母亲对亲密关系的主观感受，就像给女儿戴了一副有色眼镜，成年以后的女儿可能因此对自己的亲密关系产生扭曲或不真实的看法。

比如，女儿进入亲密关系后，如果对方因为出差或工作繁忙，没有像往常一样频繁联系她，她就可能怀疑对方不忠，哀叹自己遇人不淑，甚至悲观地想象自己将来也会像母亲一样，孤独地待在家里向孩子倾诉心中的苦闷。有时女儿甚至把这种悲观、恐惧和绝望当作现实，痛苦地和对方分手。

（3）女儿和母亲滑入不健康的认同和共生

有时，母亲抹黑父亲，会让女儿把全体男性都妖魔化，母女二人因此拥有了相同的人生观。而母亲和女儿在情感上的"相依为命"，又加强了她们的共生关系。这可能导致上一章第八节中提到的情感孤岛，外人再也进不去。女儿不只和父亲关系疏远，和其他人的关系也都会变得淡漠和疏离。

（4）女儿无法离开原生家庭，抛下母亲独自面对"坏人"

一些母女之间虽然没有形成不健康的共生关系，但女儿成年后，由于学业、工作或婚恋原因，当女儿不得不离开原生家庭时，可能也会有强烈的内疚感："我怎么能抛下妈妈，留她一个人去面对那个'坏人'呢？"

女儿也许不会去想：为什么母亲自己不离开"坏人"呢？小时候，母亲可能说了无数遍"要不是因为你，我早就跟他离婚了"，但现在自己已经长大成人，母亲还有什么理由不离开他呢？

（其实如果以此为切入点，女儿也许有机会发现父母关系的更多真相）

总之，如果母女长期联手对抗父亲，容易让女儿深深卷进父母冲突的泥潭中，女儿想拯救母亲却做不到，想走自己的路又放不下母亲，在这样的进退两难中不断消耗自己。如果某一天她足够成熟，并有机会发现真相，也许会意识到，事情从一开始就和她认为的不一样。

第四节

"爸爸去哪儿了"——相依为命的母女

有句话说："父亲给孩子最好的爱，就是他忙碌的背影。"这种观点，默认甚至美化了父亲在亲子关系中的缺位。当代已经有越来越多的父母开始重视对孩子的陪伴，但在我接触的来访者当中，很多女性在成长过程中父亲是缺位的。

父亲的目光往往朝向家庭之外。他用自己的收入支撑家庭，同时把一部分社会规则带进家庭（严厉和要求）。如果他在社会上遭遇了欺侮或挫败，也会把负面的东西带回来传递给妻儿（踢猫效应）。整体上，父亲体验到的能量是强烈而粗粝的，他可能并不知道怎样把一顿饭做得好吃，怎样照料一个孩子，但他不容许自己展现无能、无力的一面，他惯常的掩盖方式，就是把头扭过去，用更多的时间望向外面的世界，梦想在其中有一番作为。

父亲在养育中的缺位，往往会形成一个"滑坡效应"：缺位导致无能和无力，无能和无力导致了更多的缺位。就像一个逃学的孩子，起初只打算逃几天，回来却发现跟不上学习进度，索性继续逃学。

我在伴侣咨询中听到的很多夫妻故事验证了这一点：孩子的出生给家庭带来不少压力，夫妻之间开始出现摩擦和争吵。在这些胶着的战争中，妻子极少离开现场，她得照顾孩子，需要卧室让孩子安睡，需要厨房给孩子做饭。丈夫则更容易以"工作忙""有应酬""要办事"等借口离开现场，让自己暂时躲避育儿的压力和夫妻间"战争的硝烟"。

等他再回到现场时，发现自己的领地变小了：家里到处都是妻子和孩子的东西，他自己的东西堆在角落里积灰。更可怕的是，妻子和孩子似乎已经形成一套配合默契的流程，需要他参与的事情少得可怜。他很快发现，这个家只是有时需要他：需要钱的时候，需要电工、水管工、搬运工的时候，需要一家人同时出现在公共场合的时候。

他开始"接受"这个角色，去做一位缺位的父亲。

父亲的缺位，常常会加强母女之间的各种不健康情感模式。

如果母女之间是认同和共生关系，父亲的缺位可能会导致女儿完全站到母亲那一边，如果母亲认为父亲没有尽到家庭责任，女儿也会这样想；如果母亲认为父亲伤害了自己，女儿也会认为父亲是个"坏人"；如果母亲怀疑父亲有外遇，女儿也会倾向于认定这就是事实。之后，母亲和女儿会更加紧密抱团。

如果母亲内心匮乏，成长中缺少关爱，父亲的缺位会使得母亲把情感需求直接转向女儿，让女儿在情感上反哺自己。

如果女儿对母亲的情感是仇恨和拒斥，父亲的缺位则可能导致女儿对父亲的理想化（"距离产生美"），而母亲一直真实暴露在女儿面前，女儿更容易看到并放大母亲不好的一面，对母亲的仇恨和拒斥情感就更强烈了。

在母亲看来，持家和养育的责任几乎完全由自己承担，父亲只是承担了家庭的经济责任，也许承担得还不那么令人满意，他既不是一个体谅妻子的好丈夫，也不是一个关心孩子的好父亲。母亲的这些不满，常常会表达出来，变成对父亲的唠叨、冷落或言语攻击。

在仇恨和拒斥情感的影响下，女儿可能会觉得母亲是一个焦虑、忙碌又满腹牢骚的人，对父亲也不好。父亲虽然较少出现，但出现的时候总是轻松愉悦，对自己也没有苛责。于是在理想化"父亲"形象的对比下，女儿会更加拒斥母亲。

在父亲完全缺位的单亲家庭中，母女相依为命，处在紧密的共生关系中。女儿往往不会主动想谈婚论嫁，因为她和母亲的关系已经是最亲密、最完美的了。此时如果出现一个男性夺走女儿，对母亲而言，就仿佛撕裂了她的身体。要她恢复常态，除非把女儿还给她（至少一部分）。

由单亲妈妈养大的女儿，可能会很少表现自己的意愿，我们不知道她乐不乐意和母亲一起生活，喜不喜欢自己的丈夫，对最后的折中方案又作何感受。这往往是和母亲处在全然共生关系中的女儿的性格：她不知道自己想要什么，似乎也不那么在乎，反正听妈妈的就好。

这样的女儿如果顺利进入婚姻，也没办法把生活重心完全移到自己的家庭上。孤独的母亲在那里等着她，她只能忙碌地周旋在母亲和丈夫之间，同时满足两个人的需求。

第五节

女承母业——大家庭中的母亲与长女

俗语说"长兄如父"，与之相对的是"长姐如母"。在子女众多的家庭中，如果父母由于衰老、疾病、离世等原因无法完全承担起照顾子女的责任，那么最年长的男孩就会担当起父亲的角色，最年长的女孩则担当起母亲的角色。尤其是长女，母亲可能下意识地忽视她作为一个孩子的需求，而把她当作自己的育儿助手。

事情最初可能是这样发生的。

母亲同时带几个孩子，辛苦疲惫，注意力也十分有限。而她将有限的注意力多数都给了最小的孩子，因为最小的最脆弱、最需要照顾，也最容易让人担忧，而越大的孩子则越容易被忽视。不过其他孩子不会甘于被忽视，每个孩子都会想办法争夺母亲的注意力。

长女很容易发现，自己在家务方面最能干，体贴照料、察言观色的能力也最强，只要眼里有活，经常帮母亲做这做那，就能得到母亲的认可和赞许等"情感糖果"。

如果母亲有前面提到的一些问题，比如希望孩子反哺自己，就可能有意无意地加剧这一趋势——母亲自己也缺爱，于是自己也坐到"孩子"的位置上，并把长女推到"母亲"的位置上。

从小被当作母亲的"育儿助手"，甚至"代理妈妈"，会对长女的成长有什么影响呢？

● 成年后的长女比其他孩子更倾向于不想生育孩子，甚至不想结婚。一些人只是下意识地选择："看见小孩就讨厌"，另一些则是清楚地知晓原因："从小就带弟弟妹妹，童年被剥夺了，这辈子再也不想过那样的日子了。"

● 成年后的长女可能会选择和不成熟的人建立亲密关系。人并不是理性的，从心理学角度看，很多关系走向悲剧的根源在于，人在"对自己好的"和"熟悉的"之间，常常选择后者。有些长女找到的伴侣，正好是大家庭中最小的孩子，这样双方很快就能启动自己熟悉的模式，建立起照顾和被照顾的关系。但这样的关系也让女方十分辛苦。

● 对长女而言，进入母职容易，走出母职难。一些长女照顾弟弟妹妹的责任，仿佛是没有边界的，不仅要把他们养大成人，还要帮他们安排工作和婚姻，甚至到了中年，在毫无必要的情况下，仍忍不住干涉弟弟妹妹的职业发展、婚姻育儿，表现出一种让他们难以忍受的"控制欲"，反而恶化了彼此的关系。长女有时会悲叹：为什么自己付出那么多却还是被大家讨厌？

长女可能无法想象，如果不照顾别人，还能通过什么样的互动方式和别人建立关系；如果自己不需要做"代理妈妈"了，那自己是谁呢？自己要成为什么样的人呢？有时，思考这个问题会让她们感到非常痛苦，她们宁愿回到照顾他人的辛苦中。

第六节

重男轻女的母亲和"扶弟魔"女儿

女性虽是重男轻女思想的受害者，但一旦成为母亲，常常又会认同父权文化，宠溺儿子，打压女儿。

这种模式在女儿和儿子是姐弟关系时最为明显，年长的孩子本就被赋予更多责任，而年幼的孩子也更容易得到宠爱。

不过忽视和剥夺妹妹来支持哥哥的现象也不少见。这里介绍的姐弟的境遇，在有相同问题的兄妹家庭中一样适用。

母亲对姐弟的不公平对待，有很多表现形式，比如在物质上优先满足弟弟；要求姐姐退学打工挣钱供弟弟读书；姐姐出嫁时索要巨额彩礼来帮弟弟娶媳妇；在姐弟各自建立家庭后仍要求姐姐帮扶弟弟；临终前让姐姐在病床前伺候，却把大部分财产留给弟弟。

很多女儿都接受了母亲的安排，为弟弟奉献牺牲，甚至内心也真的认为弟弟比自己更重要、更值得被好好爱护，"长姐如母"，自己应该一辈子都给弟弟提供无私的"母爱"。近年来，这些女儿被戏称为"扶弟魔"。

意识层面，长女直接认同了母亲的态度；而在无意识层面，她们恐怕很早就明白：照顾和讨好弟弟，是自己在这个家里唯一可行的生存策略。

母亲宠爱弟弟同时忽视女儿，如果女儿表达不满、提出要求，只会让母亲觉得她不懂事、讨人嫌；但如果照顾和讨好弟弟，分担母亲的家务，母亲会觉得她很懂事，甚至对她称赞有加。

这是一笔残忍的交易，女儿交出自己作为孩子的正当权利，成为一个"小保姆"，换来母亲的些许关注和爱。但这笔交易又是必要的，如果不博得母亲的欢心，还有谁能给她关注和爱呢？

母亲把女儿培养成"扶弟魔"，会给女儿带来不少负面影响。

（1）资源被剥夺，发展受限

家庭的各种资源都向男孩倾斜，女孩的发展机会自然减少。

（2）自卑：我不如"他"，我不配

这种差别对待，会让女儿接受母亲内心的看法："你不如弟弟，你不配，你不值得。"进入社会后，她们也会认为："我不如男性，我不配，不值得"。

（3）讨好他人，甚至过度牺牲自己

正如前面提到的，照顾和讨好男孩，成为女孩在家中唯一能改善自身待遇的策略。这种下意识的习惯可能伴随她进入成年期，成为她一种通用的人际策略。

这类女性的人际关系通常看起来不错，她们很善于体察和照顾别人。大家坐着聊天，她总是那个起身端茶倒水的人；和朋友一起外出烧烤，她总是负责烤而让别人先吃；遇到麻烦，她又会最先挺身而出。之所以受欢迎，很可能是因为她总是不吝成为别人的"工具人"。

但她这种生存方式相当辛苦，会大量耗损心力，所以这类女性也很容易陷入抑郁。

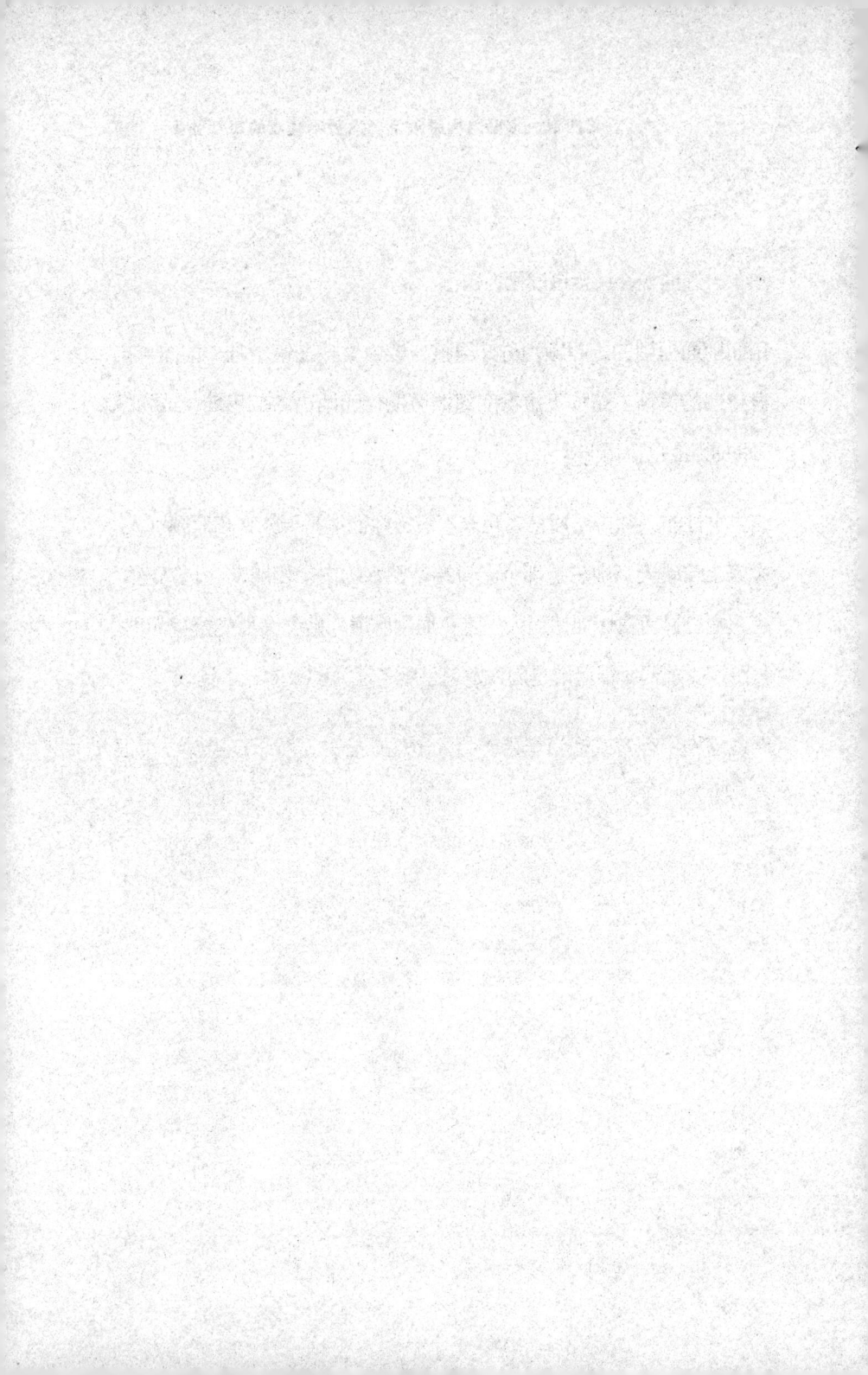

第五章

母亲纠缠的爱
来自何处

每个人都是历史（个人历史和社会历史）创伤的承载者，母亲如今的样子，是由她过往的经历塑造而成的。作为她的孩子，想必你多少会从亲戚口中听过母亲年轻时甚至是幼年时的各种故事。怎样理解这些故事，怎样把它们和母亲当前的行为模式联系起来看待，这些行为模式背后到底有怎样的创伤？这就是本章要讨论的内容。

很多人被别人伤害时，常常不由自主地说："他到底为什么要这样对我？！"

很多女儿内心也一定有过这样的"疑问"："妈妈到底为什么要这样对我啊？！"

千万不要急于带着这个"疑问"，进入关于母亲性格成因的心理学探讨。你需要先仔细品味内心中的这句话，确定它到底是在表达好奇心，还是在鸣不平。

如果它只是在鸣不平，而并没有什么好奇心，那么强行去理解母亲的性格成因，只会让你感觉更加别扭。

受到伤害的人需要先对自己负责，想办法走出创伤，保护好自己，过好自己的生活。如果你想对加害者还以颜色，也是人之常情。但受害者绝对没有义务理解加害者，甚至没有义务去了解，除非这种了解最终是服务于自己的。

很多心理咨询师过于强调要理解父母、与父母和解。这可能因为他们内心非常害怕冲突和疏离。当他们把这种态度灌输给来访者时，常常会导致负面的结果：受伤的孩子不仅做不到理解父母，与父母和解，反而因为这种自我要求，深深压抑了自己的愤怒、憎恨、怨怼、失望、攻击性等，无法实现真正的成长。

所以，这一章的内容你可以不看，除非你想知道母亲究竟为什么会这样。

第一节

母亲的被害妄想

被害妄想出现在很多难以相处的母亲身上。她们非常关注社会新闻，时时担忧类似的事会发生在自己身上；她们每天睡前都会反复检查家里的门窗有没有关好；她们从不下水游泳，从不使用公共厕所的马桶，住宾馆总是自带床单，在餐厅里吃饭总要用热水烫一遍碗碟，仿佛外面的世界布满看不见的细菌和病毒；她们和人交流总是心怀戒备，从不透露自己的心事；她们和丈夫看似琴瑟和鸣，却早在自己的"小金库"里攒下大笔钱财，为自己准备后路。

母亲的被害妄想会怎样影响和女儿的互动呢？

● 被害妄想导致母亲过度焦虑、紧张，无法承载和调节女儿的情绪，无法带给女儿安全感。

孩子常常对这个世界充满不安和恐惧：周围那么多他不了解的事物，外面那么多他不认识的陌生人，昏暗的角落里或许还藏着很多妖魔鬼怪。顺利养育一个孩子的过程中，母亲可能需要对孩子说无数遍"别担心，没事的"。

但有被害妄想的母亲很难说出这句话，她们比自己的孩子更加不安，她们经常说的是："这可怎么办？""完蛋了！""不得了了！"，她们不仅无法安抚孩子的恐惧，连孩子并不在意的人和事，在她们看来也充满危险和陷阱。

● 有被害妄想的母亲，往往会过度控制孩子。

面对不安的感觉，母亲并不打算坐以待毙，她常督促女儿和自己一起构筑各种防御工事抵挡危险。她会要求女儿和自己一样，不要下水游泳，不要使用公共厕所的马桶；她会仔细盘问女儿和什么样的人说过话，都说了些什么；女儿每想交一个朋友，她都苛刻地评判一番，然后要求女儿不要和对方来往。

如果母亲的被害妄想和性别与身份有关，她可能会要求女儿剪短头发、打扮中性，不要和男孩交往太密，收到男生的小纸条一定要上交，还会定期悄悄检查女儿的日记。

● 有被害妄想的母亲可能会过高地要求女儿。

日常应对不安感的各种仪式，有时也让母亲自己不胜其烦，她可能滑入一种似乎可以一劳永逸的想法中：如果女儿变得非常优秀、有能力、有社会地位，当然就能免除大部分危险了。如果出门都住五星级酒店，当然不必自带床单；如果周围都是"有档次"的人，就不必过多地担心社会新闻里发生的那些事了。

母亲开始望女成凤，用控制、威逼等方式让女儿用功学习，养成第三章中提到的学霸女儿和备受束缚的女儿。看到女儿时时刻刻坐在书桌前用功，对其他事情一概不感兴趣，母亲终于感到安心，但女儿却替她承担了恐惧和焦虑，好像自己如果考不出好成绩，就会有灭顶之灾。

母亲为什么会有被害妄想呢？

很多人认为，所谓不正常的心态，是对正常心态的一种随机偏离：反正就是"疯了""有病"，可能是"受刺激了""吃药吃坏了""脑袋被门夹了"。可是为什么同样是"有病"，有人怕蜘蛛而有人怕外星人呢？

这里需要回归一个基本的进化心理学观点：所有的心理现象都是为了解决某些问题而发展出来的。

母亲的被害妄想，一方面是因为她的确听到、看到或经历过一些事，从中感受到了危险，认为这种危险仍有可能发生在自己和家人身上；另一方面则是因为她在成长过程中，很少感受到安全和被保护，没有人对她说过足够多的"别担心，没事的"。

我在咨询工作中，有时也能看到女性被害妄想的现实来源。比如对遭受人身伤害的恐惧，有时源于不良的社会治安、动乱、战争，有时则源于遭受了父母毫无来由的暴力；对细菌、病毒和疾病的恐惧，有时源于目睹或听说他人染上疾病后的无助甚至死亡，有时源于儿时缺少父母的照顾和保护；经济上的不安全感有时源于自己经历过物资紧缺，有时源于小时候父母的过度节俭；而对他人的过度戒备，有时源于看到、听说或经历过各种背叛、倾轧、钩心斗角，有时则源于父母情绪不稳定，常常出其不意地伤害她们。

也许你会想告诉母亲："时代变了，环境不同了，你现在不用那么紧张了。"

但这不会有什么效果。正如当你向父母哭诉小时候他们怎样伤害你时，他们可能会回答："你现在已经长大了，我们不会再那样对你了，你为什么还总是揪住过去不放呢？"而你心里知道，这样的话解决不了你的问题。

人总是一部分活在当下，一部分活在过去。活在过去的那一部分，总在想各种办法应对过去遇到的那些困难。为了解决记忆中的难题，甚至影响了当下的生活质量。很多心理学工作者认为，这是我们的心智无法适应当下的表现，本质上是不健康的。但我想强调，这种看似不健康的模式，仍具有进化学上的适应意义。谁能断定过去发生的事情不会再次发生呢？假如再发生一遍，你也许会惊讶地发现，看似"病态"的父母们，表现出了惊人的适应能力。

第二节

母亲对被抛弃的恐惧

很多母亲内心都害怕被抛弃。这是一种潜意识的恐惧，我们很少能听到母亲直接将其表达出来。但在这两类情况下，经常能感受到它的存在。

● 母亲对父亲的过度隐忍，对婚姻的过分执着。

一些女儿目睹父母之间持续数十年的不良关系，目睹母亲在这个过程中遭受身心伤害，常常会产生一个疑问："都这样了，母亲为什么还不和父亲离婚呢？"

有时，她们也会把这个问题抛给母亲。

不少母亲的回答是："还不都是为了你，要不是为了你，我早就不跟他过了。"

一些来访者告诉过我，这句话带给她们非常大的心理负担，她们从小就认定，是自己拖累了母亲，如果没有自己，母亲早就"跳出火坑"奔向幸福了。

有时她们暗自下定决心：我要早点独立，不拖母亲的后腿。

但等她们真正独立了，对母亲说："现在我已经能照顾好自己了，如果你和爸爸在一起不开心，就不要勉强了。"

然而此时母亲却回答："这把年纪了离什么婚，凑合过吧。""其实你爸也没那么糟，比起很多男人来说已经不错了。"

听到这些话，女儿可能觉得自己被耍了。

母亲到底为什么那么依赖父亲，甘愿隐忍呢？当然，原因之一是独立抚养孩子更辛苦，但有时，母亲不愿意说出来，甚至自己都没感觉到的原因，就是她害怕被抛弃而变得无依无靠。潜意识中，母亲也许已经把父亲当成了自己的"父母"：虽然他对自己不好，但如果离开他，自己就成"孤儿"了。

- 母亲牢牢抓住女儿，不愿意她和自己分离、独立生活。

前文中介绍的过于紧密的母女关系，很多就是因为母亲害怕被抛弃，同时感觉到自己已经没办法抓住父亲了，或者父亲无能、懦弱，抓住他也无法带来依靠，于是转而紧紧抓住女儿。

母亲内心为了避免成为"孤儿"，要不断确认自己是女儿心中最重要的人，其重要性超过父亲，甚至超过女儿的伴侣和孩子。这样的母亲也许会把所有心思放在女儿身上，对她无微不至，有时还会问：

"妈妈对你好吧？"

"等妈妈老了，你也会对妈妈好吧？"

"等你结了婚，是不是就不会经常来看妈妈了呢？"

如果女儿对妈妈这些话困惑不解、不胜其烦，不妨想象一下，一个被领养的孤儿，可能想对她的领养人说：

"我是个乖孩子对吧？"

"我做一个乖孩子，你就不会抛弃我，对吧？"

"等你生了自己的小孩，是不是就不会对我好了呢？"

母亲对被抛弃的恐惧，到底是哪里来的呢？

可能因为母亲的确被抛弃过，或者在灾难中失去了亲人，或者经常被送到亲戚家寄养，或者过早被送进全托幼儿园，或者由于她和父母没能建立起"安全依恋"，所以产生了被抛弃的恐惧。

这些都有可能。

这里有必要谈及一种关联型创伤。很多女性虽然没有被抛弃过，但童年回忆里常有这样的片段：母亲对她们不满意，有时会说："再不听话我就不要你了""我把你扔掉""我把你送给别人。"

有时她们问母亲"我是从哪里来的呀？"得到的回答是："垃圾堆里捡来的。"

有时走在外面，母亲会故意躲起来让她们找不到，急得大哭，然后才发现母亲正站在不远处拍手大笑。

日积月累，这些生活经历也会让孩子产生被抛弃的恐惧。

而从这些母亲的角度看，这些怪异的行为正是为了安抚自己内心被抛弃的恐惧。

我一位朋友的女儿三四岁时，去别人家做客，被那家人养的一只大猫吓哭了。回家后，她在一段时间里沉迷于一个游戏：自己扮成大猫，吓唬她的父母，还要父母表现出很害怕的样子。

心灵受到了某种伤害，有时会希望从受害者的位置转换到施害者的位置上，体验掌控感，并向自己确认：现在我可以伤害别人了，所以就不会再被别人伤害。

这就是为什么很多儿时被父母暴力对待的孩子，即便理智上知道暴力不好，成年后仍然忍不住暴力对待他人的原因之一。母亲也一样，下意识地做这些事，只是为了安抚内心的恐惧："我可以抛弃别人了，所以不用再害怕被人抛弃。"但通过这样的行为，母亲把被抛弃的恐惧传递给了女儿。

第三节

母亲害怕冲突和对峙

很多女性都害怕冲突和对峙，遇到可能发生冲突的场合，她们要么迅速逃离，要么哀求、让步、讨好，想尽办法避免冲突，维持所谓的"一团和气"。

如果成为母亲后仍然害怕冲突，就会影响母职的正常发挥，无法保护女儿并成为女儿的坚强后盾。

2017年9月，南非一名57岁的母亲在家里突然接到女儿朋友的电话，得知女儿正被三名男子侵害。母亲立即打电话报警，但没有人接听。母亲遂拿起菜刀，狂奔3.2公里赶到现场，和三名歹徒搏杀，救下女儿。事后因民众请愿这位母亲被无罪释放，被人称为"狮子妈妈"。

这当然是比较极端的情况。现实中，很多母亲远做不到这么勇敢，相反，还会因为害怕冲突和对峙，主动牺牲女儿的利益。比如：

● 女儿和别的孩子产生纠纷，闹到母亲这里。一些母亲从来没兴趣听女儿解释，也不想了解事实真相，一概默认是女儿不对，给对方赔礼道歉，并把女儿教训一顿。

● 女儿受了欺负，母亲总是在女儿身上找原因："为什么你要……？""如果你不……，就不会发生……了。"

这类伤害里最严重的，莫过于当女儿遭遇男性熟人或亲戚的侵害，跑来告诉母亲时，母亲反而说："你为什么要去他房间里呢？""你为什么要相信他的话呢？""你为什么非要穿短裙呢？"

有过这种经历的女儿，成年后回想起来仍会觉得非常委屈："母亲为什么总要把这些事说成是我的错？"

最常见的原因就是，很多母亲不具备和他人正面冲突、对峙的能力，她们根本无法对别人说："这件事就是你不对！"更无法提出自己的要求或采取措施惩罚别人。她们无法直面自身的软弱，只能把责任归到女儿身上，似乎自己没必要挺身而出。

为什么女性那么害怕冲突和对峙呢？

一些女性会说：因为男性在体能方面比女性强很多，硬碰硬肯定会吃亏的。

按照这样的说法，男性中身体瘦弱、个子小的人，也应该很害怕冲突和对峙才对。但事实并非如此。

除了体能方面的先天劣势，至少还有下面两个原因，会让母亲害怕冲突和对峙。

● 性别刻板印象对身体和心灵的束缚。

女性魅力常被定义为优雅、娴静、温柔、娇羞甚至弱不禁风。有意无意地培养这些特质，本身就会降低女性在人际对抗中的防御力和攻击力。一个和别的孩子打架的男孩可能被夸赞："真是个好小子！"一个打架的女孩却会被责怪："你这样子像个小姑娘吗？"成年后，就算女性长得五大三粗，而男性干瘦矮小，对峙时恐怕也是男性占上风。

我们经常能在社交媒体上看到男性晒健身房肌肉照，女性则晒各种新潮的穿搭和妆容。在这种性别刻板印象影响下，很多男性的"战斗力"是在增长的，女性则不仅没有增长，反而在削弱，比如长期穿高跟鞋造成脚踝畸形、过度节食造成体力下降等。

性别刻板印象也使得女性经常压抑内心的愤怒，因为发怒的女人"不美"，是"泼妇"。愤怒正是我们在冲突和对峙中可以依仗的力量来源，压抑了愤怒，就等于一定程度上的"自废武功"。

当然，人际关系中的冲突和对峙不总是以肢体形式发生，更多时候它是一种语言和智慧的较量，甚至以眼神表达的方式发生。但这些都需要依靠"气势"和"气场"，而它们正是来自情绪层面的力量。

● 母亲其实是一个"孤立无援的小女孩"。

小孩要处理与同龄人间的冲突和对峙，常会叫上要好的同学和朋友；不良少年见了面一言不合，也不会直接开打，而是说："有种你等着，我叫人去！"年轻人犯了事，情急之下会叫嚣："我爸是某某！"——我们都需要有人为自己撑腰。

有人为母亲撑腰吗？如果母亲在冲突和对峙中受到伤害，她可以去找谁？有谁会来帮她吗？有谁会坚定地站在她这边吗？

很多害怕冲突和对峙的母亲，常常是因为缺乏能为她撑腰的人。

如果母亲生活的环境和经历过的事，教会她的只是逃避、低头、讨好以求自保，除此之外别无他法，那她当然永远无法直面冲突和对峙。

第四节

母亲为什么会没有同理心

在大家潜意识里，母亲是最疼孩子的，她最能体会孩子的痛苦，也最有意愿缓解这些痛苦。但在有问题的母女关系中，我们经常会看到对女儿毫无同理心的母亲。

缺乏同理心会影响很多母职的发挥：无法成为女儿的镜子，给不了女儿及时的响应，更无法承载和调节女儿的情绪。本书第三章和第四章介绍的 15 种不健康的母女关系里，大部分母亲都或多或少缺乏同理心。

为什么有的母亲会缺乏同理心呢？常见的是下面两种情况。

● 母亲本来就没有同理心。

准确体会他人的感受，是一种高级的心理功能。小孩在很长一段时间里都会表现得缺乏同理心，累了、困了、饿了、想找人玩、要撒泼胡闹的时候，并不会在意大人是不是刚下班回来、是不是生病了只能躺着、是不是刚被公司辞退满怀忧虑……

如果母亲在心理上没有发育成熟，就会缺乏同理心。她只想着怎样让女儿听自己的，做自己认为对的事，照顾和满足自己。她一味朝女儿发泄情绪，而不会去想这对一个孩子来说会不会太辛苦、太困难、太恐怖、太痛苦。

● 母亲的同理心被磨掉了。

不少女性在成为母亲之前，是很有同理心的。她们会给流浪猫狗投食，有条件会捡回家养；她们喜欢看"黛玉葬花"，悉心照料买回来的盆栽，甚至和盆栽说话；和朋友出去聚餐，吃不完会打包回家，因为"非洲那么多孩子在挨饿"；看电影看到血腥的画面，她们会不由自主地闭上眼睛，觉得"好疼""好惨"。

做了几年母亲后，这一切被奇妙地改变了。菜场买来的活鱼、活鸡、活鸭，她们撸起袖子现杀，眼都不眨一下；孩子不用功学习，她们下手也毫不手软。

到底发生了什么呢？

"母亲"是一份无法辞退的工作。孩子生下来，就得一直养下去，无论遭遇怎样的变故，都得想方设法照顾她。如果周围环境给母亲的支持不够，母亲很容易被耗尽心力，失去同理心。

第五节

母亲无法面对自身的匮乏和荒芜

在有些人看来，女性不论怎样优秀，只要她还是单身，没有丈夫和孩子，似乎就不能算是成功。

女性年轻时，也许会感受到自己的才华和美貌，认为这都是自己的资本。但结婚后，她把大部分精力都用在操持家务、相夫教子上，才华停滞不前，美貌逐渐褪去，她开始觉得，自己拥有的最大财富是丈夫和孩子。

在母女关系中，这样的母亲会把过多的注意力放在女儿身上，甚至到女儿成年之后也无法关注自己。她事无巨细，一切都从女儿的角度考虑。女儿高兴她就开心，女儿悲伤她也难过，仿佛在为女儿而活。这会让女儿感到窒息，并认为母亲"没有自我"。

成家立业的女儿也许会对母亲说："现在我什么都挺好的，你也不用操心啦。你退休在家，有什么感兴趣的事就去做，去充实自己的生活，我会全力支持你。"

母亲会说好。隔天又打电话给女儿："你最爱吃的水果上市了，我特地去批发市场买了一箱，给你拿过去好不好？"

女儿如果生起气来，母亲也许会说："我就你这一个女儿，关心你就是我感兴趣的事啊。"

在一些严重的个案中，女儿为了配合母亲的这种需要，会下意识地停留在无法独立生活的状态，看似是自己发展滞后，实则是在满足母亲的需求，让母亲可以通过照顾女儿来满足她自己。

母亲为什么没法把注意力放在自己身上呢？常常是因为，如果母亲把注意力转向自己，她会痛苦地发现，她的自我就像一片荒地，这么多年没有得到过照料和滋养，上面几乎什么也没有。她不知道自己是什么感受，心情只能跟着家人起起伏伏；她不知道自己喜欢吃什么，吃饭总是夹其他人不吃的菜，以免浪费；她不知道自己要做什么，为家人服务就是她最想做的事；她没有人生目标，一切只是为了大家都好；她甚至不那么在意自己的身体健康，只要大家公认她是个"好妻子""好妈妈"，她就死而无憾了。

直面自身的匮乏和荒芜，可能会非常痛苦，很多人宁愿选择逃避。生活中我们也能看到类似的现象：有些人自己的生活过得一团糟，却喜欢对国际局势指指点点；有些人学业荒废、前途未卜，却成天操心"爱豆"[1]带的货销量怎么样；有些人亲密关系一团糟，却成天追剧"嗑 CP"[2]，为那些虚拟人物在虚拟世界中的错过而痛哭流涕……

直面自身的匮乏和荒芜，会让人为自己虚度的时光而悔恨，让人发现重重困难和压力，体验到排山倒海般的挫败感，让人开始怨恨那些自己服务过的人，甚至觉得人生不再有希望。但也唯有穿越这些痛苦，才能重建自己的内在世界，为自己而活。

母亲内心持续多年的匮乏和荒芜又是从哪里来的呢？

表达自己的感受并满足自己的需求，可以说是人的本能。婴儿肚子饿了立刻大哭大闹，看到奶瓶就拿过来毫不客气地咬上去大口吮吸，才不会在乎父母从酣睡中被吵醒，拖着疲惫的身体冲奶粉，明天还要早起上班。

40 年后，这个婴儿成了母亲，她每天只睡 5 小时，从早忙到晚，几个小时不喝一口水，等到全家坐在丰盛的晚餐桌前，她才开始面无表情地嚼着剩菜——这似乎是她一天中最放松的时刻。

这 40 年里到底发生了什么，让一个人逐渐遗忘了自己所有的需求，

1　爱豆，网络流行词，英文 idol 的音译，意为偶像。——编者注

2　嗑 CP，网络词语，形容非常喜欢自己所支持的荧屏或小说中的情侣。——编者注

完全围着别人的需求转？

自我的发展需要依靠资源竞争，有时强者恒强，就像森林里的植物，一株植物如果得到更多阳光和水分，就会长出更多枝叶和根系，从而又能获得更多的阳光和水分。经过 40 年的漫长岁月，两颗同样的种子长成的植物可能会有云泥之别。

母亲的自我这棵植物，有太多输掉竞争的时刻。它在生命早期得到的阳光和水分就比较少，一直以来常常被要求为别的植物让路。人们总是对它说：你要做一个孝顺的女儿、一个贤惠的妻子、一个有爱的母亲、一个懂事的媳妇、一个规矩的女人……极少有人对她说：你做你自己就好了。

第六节

母亲自己的需求

做母亲常常被等同于无私的付出和奉献。在老一辈某些苛刻的人眼里，做母亲的人发展自己的事业或爱好，追求个人幸福而离婚或再嫁，甚至把孩子托付给别人自己出去旅游，这些都是不应该的。母亲就该全身心服务于孩子和家庭。

但我们在本章第四节和第五节两节的例子中可以看到：如果母亲的需求一直得不到满足，可能出现两种极端的结果。一种是像第五节说的那样，母亲完全失去自我，感觉不到自己的感受和需求。这类母亲不会给周围的人带来什么伤害（常常还会带来源源不断的"好处"），但母亲自己很容易产生各种身体问题，甚至患上严重疾病。另一种则是像第四节中介绍的，这些需求会有爆发出来的时候，但那时，母亲内心已经失去了平衡，变得仿佛"没有人性"。

其实从备孕开始，一直到孩子完全独立，母亲都要在自己的需求和孩子的需求之间小心翼翼地"走钢丝"：外出吃饭，是点自己喜欢的啤酒炸鸡，还是为了备孕点一盘叶酸丰富的蔬菜沙拉？怀孕三个月了，还能穿自己喜欢的高跟鞋吗？孩子快要出生了，自己期待已久的剧集也如期上映，好妈妈是不是不该再晚睡刷剧了？哺乳期是不是要顿顿喝汤、不能再吃辣了？产假结束复工，领导给出选择：是去一个自己感兴趣、有升职前景但偶尔需要出差的岗位，还是去一个干点杂活、有事可以提前下班、谁都能胜任的边缘职位？和丈夫吵架气不过想回娘家住，但孩子一会儿哭着要爸爸，一会儿哭着要妈妈怎么办？有个难得的培训机会，但要去外地住几天，而这意味着要给孩子断奶，怎么选择?

做母亲，会面临无数个这样的选择，艰难地保持平衡，一个不小心就会亏待孩子，又一个不小心就亏待了自己。

有些时候，母亲之所以伤害了孩子，是因为她在满足自己和满足孩子之间选择了前者。

来看看母亲具体有哪些需求，满足这些需求时可能会怎样伤害到女儿。

（1）减少辛劳的需求

育儿是一件非常辛苦的过程，仅仅"疲劳"这一个因素，就足以导致母亲无法完成很多母职，甚至对孩子做出有伤害性的事。

比如孩子不懂事，晚上睡觉前就是不肯刷牙，大人会怎样应对呢?

● 讲道理

"睡觉前一定要刷牙，不刷牙，白天吃的食物残渣就会留在牙齿上，滋生细菌，细菌会吃掉你的牙齿，牙就会疼，就得带你去看医生。"

如果孩子表示听不懂，母亲就得像教算术那样，一步一步进行拆解。但小孩仍会提一些难以回答的问题：

"细菌在哪里呀？我怎么没看见？"

讲道理的母亲得继续解释："细菌虽然看不见，但也是存在的"；

孩子会继续问："医生有听诊器呀，现在就去找他玩好不好？"

"看医生可不是什么好事……"妈妈得耐着性子解释。

就这样，5分钟能完成的小事，拖半小时也未必能做好。

● 呵斥、命令、威逼利诱

"快刷牙！"

"刷了牙妈妈给你唱歌！"

"不刷牙打屁股了！"

很多女性没生孩子时，会想象自己一定能耐心地给孩子讲道理；做了母亲后，她们却沮丧地发现自己每天都会呵斥孩子。

"讲道理"看上去很美，也是不少育儿专家提倡的，但它有一个前提：母亲的生活状态大体轻松无忧，并不介意和孩子多耗半小时。

很多家庭做没有这样的条件。母亲下班回来，拖着疲惫的身体做饭、喂孩子吃饭、陪孩子玩，终于等孩子入睡后，她还要洗碗、洗衣服、打扫卫生，为第二天的工作和生活做些准备。这种状态下，时间不允许她耐心，她自然会选择粗暴地命令和呵斥，三五句话就解决问题。孩子这时候感到的恐惧、紧张、不被接纳……她更无暇注意。

孩子遭受的这类创伤，其实源于一个非心理学问题：育儿负担。那一刻，如果有人在母亲身边，帮她洗碗、洗衣服、打扫卫生，她也许就会放松下来，慢慢地和孩子讲道理，甚至会享受这个交流互动的过程。这时候，本章前面讨论的母亲的性格和创伤，反而成了次要因素。

（2）得到爱和关怀的需求

第三章第七节介绍的要求女儿反哺自己的母亲，和第四章第二节介绍的嫉妒女儿的母亲，都是把自己对爱和关怀的需求，放在了女儿之前。

要求女儿反哺自己的母亲会无意识地向女儿索要本该从自己的母亲那里得到的爱和关怀，同时把内心对爱的匮乏感传递给了女儿。而那些嫉妒女儿的母亲，太想从父亲（或其他亲人）那里得到爱，于是把女儿视为竞争对手，破坏、阻挠女儿得到爱。

（3）受到尊重的需求

"受到尊重"几乎是所有人的需求。只不过在不同的时空中，人受到尊重的原因不尽相同。

中国很大，变化也很快。如果你的母亲生活在更加传统、保守、重男轻女的环境中，对她而言，获得尊重最好的（可能也是仅有的）方式，就是生养至少一个儿子，最好还能让儿子比别人"有出息"。而她的女儿，就有可能被抛弃、被送养，或者被她培养成前文提到的"扶弟魔"。

如果母亲生活在相对开放、平等、重视教育的环境，她就会发现，相比孩子的性别，如果孩子能有好的学业和事业，她更可能获得尊重。为此，她可能会试图把孩子培养成学霸，不论是用强制、苛责的方式，还是用内疚感控制的方式。

如果母亲生活在商业发达、一切向"钱"看的环境，她也许并不会太在意孩子的学业，而更关注孩子能给家庭增加多少财富。

在追求受尊重方面，女儿可能会和母亲发生很多冲突，因为女儿获得同龄人尊重的方式可能与母亲截然不同。在女儿的生活里，别人可能会因她擅长穿衣打扮而尊重她，因她有出国留学的经历而尊重她，因她总能滔滔不绝谈论最新上映的电影而尊重她，因她有一份有趣又体面的工作而尊重她……

母亲可能会为了让自己的同龄人尊重自己，而牺牲女儿的同龄人对女儿的尊重。比如女儿在外求学，回家过年时，母亲非要安排当地一户富裕人家的儿子和女儿相亲；女儿想在大城市打拼，母亲偏要女儿回家考公务员；女儿想再读个学位，母亲偏要女儿早点生孩子。

（4）自我实现的需求

我们能在生活中见到很多过度牺牲、没有自我的母亲，但有时也会遇到相反的类型。这类母亲把自己想做的事看得比孩子更重要。

我有几位女性来访者，她们的母亲是教师或医生，这些母亲在女儿年幼时，因为去外地进修，或者忙于科研和教学，无暇顾及女儿，造成了女儿性格上的缺陷。

在这里，我要再次强调，所谓"母职"，并不是"母亲的职能"，而是"养育者的职能"。这种职能并非母亲的"天职"。母亲即便完全不履行这些职能，也不意味着孩子的成长一定会出问题。只要孩子身边有人在稳定、持续地履行这些职能，不论是爷爷奶奶、外公外婆，甚至是邻居朋友，还是他们中一些人合作完成，都能带给孩子一个健康、充实的成长环境。

而如果具备了这样的条件，母亲也就能追求自己的事业和理想，最大限度地发挥自己作为"人"的潜力。

上面这些，就是母亲用纠缠的方式来爱孩子的常见根源。每位母亲的经历和生活状态都不一样，如果你想更精准地了解母亲的心理，可以从下面这些问题入手（你可以把每个问题的答案都写下来，至于那些不清楚的地方，可以询问你的家人、亲戚，甚至母亲本人）。

① 你的母亲出生于哪一年？出生在什么地方？什么样的家庭？她是第几个孩子？她的家庭对她的出生有怎样的情感？他们高兴吗？

② 母亲在 0 ~ 1 岁时过着怎样的生活？饿的时候吃什么？谁喂她？卫生情况怎样？

③ 母亲在 2 ~ 3 岁时每天吃什么？谁和她待在一起？陪她玩吗？探

索外界时有谁会鼓励她吗？感到害怕时有谁会安抚她吗？

④ 母亲在 3 ~ 6 岁时是不是有机会和成年人一起出门了？那是什么年代？她出门时可能会看到些什么？

⑤ 母亲在 7 ~ 12 岁时上学了吗？还是在做其他事情？她的日常是怎样度过的？这个阶段她应该可以听懂一部分成年人的聊天内容了。她会听到什么？学校里发生了什么？她怎样理解听到和看到的事？如果你听到、看到这些，你又会有怎样的感受和想法？

⑥ 12 ~ 18 岁的母亲渐渐进入青春期了。她的性征发育得怎样？她是怎样感受自己身体变化的？周围人看她的目光有什么不同吗？对她逐渐成为一个"女人"这件事，周围人有什么反应？如果是你，你会对这些反应作何感受？

⑦ 母亲是怎样开始恋爱的？她喜欢过什么样的男性？她当时是怎样看待婚姻的？她对婚姻期待吗？她最终是怎样选定你父亲的？抑或是被安排的？如果你是她，和父亲这样一个人进入婚姻，你会有怎样的感受？

⑧ 母亲是怎样成为母亲的？你是她的第几个孩子？从她怀上你，到你 3 岁前后——这个也许是母亲一生中最辛苦的阶段，她过着怎

样的生活？周围有人支持她吗？她遇到过哪些困难？都是怎样克服的？

再往后，你应该渐渐有记忆了，你记得很多让你感到难受的事，或许也记得一些开心、幸福的事。现在，可以尝试把你记住的事，和前面这些信息放在一起，看看它们之间可能有怎样的联系。

第六章

如何走出
不健康的母女关系

第三章和第四章介绍了母女之间常见的不健康关系，本章将介绍一些走出不健康母女关系的方式和原则。进入正题之前，需要说明如下几点。

① 长期、严重的不健康母女关系，可能已经给女儿留下了一些身心症状（比如抑郁）。如果你发现自己有这类问题，就需要一些专门针对它的措施和方式。本章介绍的方法和建议，主要是针对关系和互动的，而非针对身心症状。

② 本章有大量建议是给女儿的，少量建议是给母亲的，但我不打算把它们分开来介绍，而是合在了一起。你会看到，给双方的建议很多时候是相同的，也可以相互借鉴参考。这是因为，所有的母亲都曾经是女儿，大多数女儿也会成为母亲。

③ 这些建议是为"你"而写，不是为你的女儿或你的母亲，所以希望你在自己身上使用它们，而不要把它们当成控制对方的手段，比如把这本书塞给你的母亲或女儿，理直气壮地说："你看你看，这章说的就是你，你应该像书里写的那样做……"

④ 在这个信息过于发达的时代，人有时会产生一种错觉：仿佛读完一本书就该自然地学会什么、获得什么，如果没有，读这本书就毫无意义。于是，很多读者喜欢找那些有获得感的书来读。但一段时间之后还是发现："读了那么多书，仍然过不好自己的生活。"

在我看来，读心理学的自助书，需要像武侠小说里的主人公得到一本武功秘籍那样，一边读，一边体会，一边练习。一本武功秘籍通常没多少字，但主人公练会了就能强身健体、技压武林——当然不是仅仅阅读秘籍就能做到的。

第一节

充分的自我探索和了解

在关系中，认识对方不是必要的，唯一必要的是认识自己。

真正致力于自我成长的人，可能大多都会赞同这个观点。但很多对心理学感兴趣的人，常常不由自主地忘记这一最基本、最重要的观点。

他们学习心理学有个朴素的初衷："我就想知道别人在想什么。"所以他们认为，检验一个咨询师有没有"水平"的最直接方式，就是问他："你知不知道我在想什么？"

这种想法背后常见的动机，一是占便宜："知道对方在想什么，就能在交往和博弈中做出最有利于自身的决定。"二是防止被伤害："知道对方在想什么，才能保护自己，不被对方欺骗或伤害。"三是操纵和控制："知道对方在想什么，也许就能让对方按照自己希望的去想、去做。"

其实很多咨询师，甚至非心理学专业的人，都有一些洞察他人的能力，但这并不意味着他们可以成为好的咨询师，更不意味着他们自己可以过得比较幸福、满足。

有的夫妻为了解决关系中的矛盾，双双去学心理学，但学了之后，反而吵得更厉害，甚至分手、离婚。这往往是因为他们一直在用心理学分析"对方是个怎样的人"，希望借此影响甚至控制对方——带着这样的态度，矛盾自然会升级。

对本书的阅读也是如此。可能会有一些身为女儿的读者感慨"我妈妈就是这样的"，也会有一些身为妈妈的读者会说"我女儿可不就是这样"。但希望你们的目光不要停留在这里。了解对方，当然有利于认清你们之间的关系，但更重要的是认清你自己，在自己身上下功夫。

比如在上一章中，我们认识了母亲"有毒的爱"的常见根源，也许你借此机会对母亲的成长史做了详细的了解，明白母亲的早年经历多么不幸、悲惨，育儿过程中又如何得不到支持，所以做出了伤害自己的举动……你于是会想："母亲那么不容易，我不应该再苛求她、责怪她了。"

而这种不苛求，往往导致自己的正当需求被压抑；不责怪则导致自己对他人的不满、愤怒、攻击被压抑。结果，这种看似大度的"放下"，常常让女儿误以为自己"已经好了"，但内心的伤口一直在暗暗流血，带来慢性的抑郁、烦躁或相关躯体症状。

所以，在解决关系问题时一定要牢记：最重要的是理解我们自己，以及理解互动过程中发生了什么。理解对方当然有一定用处，但最终还是要回到自己身上，弄清楚对他人的理解到底给自己带来了什么。

如果理解自然而然地带来了原谅、包容、和解、放下，当然皆大欢喜。但如果没有，也不要觉得奇怪，理解只是理解，不意味着其他。你可以理解3岁小孩就是不懂事，什么都想拿来玩玩，没规没矩，把周围搞得一团糟。但如果这个3岁小孩就在你家里，理解他的行为并不意味着要包容他的行为，你仍然可以对他生气、表达愤怒、跟他讲道理、给他立规矩，必要时用身体力量限制其破坏行为。

在母女关系中，女儿把过多的注意力放在母亲身上，试图去理解母亲，有时是下意识地希望通过理解来迅速达成虚假的谅解，从而继续维持和母亲的不健康关系，比如继续顺从她、继续反哺她，继续和她过分亲密。

母亲把过多的注意力放在女儿身上去理解女儿，则可能是下意识地想要继续掌控她、让她待在自己身边，或和她更加亲密。

母亲和女儿面临的一个共同的难题，就是意识到"我是我，你是你，我的成长和幸福不需要以理解你、让你成长和幸福为前提"。

读到这里，如果你发现前面那些章节给你的大部分收获都是让你更理解对方，那不妨重新读一遍，这一遍为你自己而读。当你对自身有了更丰富的洞察和感受，再进入后面的章节，则会有更大的收获。

第二节

识别母亲的内在意象并从中独立

这个建议不仅是给女儿的，也是给母亲的，母亲也常常受到自己母亲的内在意象影响，在毫无意识的情况下做出对自己和他人不利的选择。

母亲的内在意象，是指女儿一个人想问题、做决定时，头脑中出现的一个声音、一个形象，甚至一种本能，它的态度和母亲非常相似，简直就像母亲在自己头脑中留下的复制品。第三章介绍的不健康母女关系中，每个类型的女儿都或多或少受到这种内在意象的影响。要走出不健康的母女关系，很重要的一个步骤就是摆脱这种意象。

具体该怎么做呢？

首先要识别出这个意象。那些对母亲有仇恨和拒斥情感的女儿，往往很早就察觉到了内心这个"不是自己"的部分，当她们发现这个部分是源于母亲时，还会感到愤恨、挫败、自我厌恶。而那些陷入与母亲的共生关系，对母亲过度认同的女儿，则会对这种描述十分困惑。在她们身上，母亲的内在意象已经深入骨髓、内化成她们自我的一部分，要在心里把"妈妈的想法"和"自己的想法"分开，仿佛要把自己的身体掰开揉碎，从中寻找一粒粒"自我"的碎片。

但这样的痛苦是值得的，在心灵成长的某个阶段，它也会自然发生。那一刻，和母亲融为一体的幸福，已经比不上在痛苦中发现自我的幸福；情感上和母亲"骨肉分离"的疼痛，也比不上想到要永远被母亲吞噬时的恐惧。

识别出来之后怎么办呢？先来看看面对这种内在意象常见的三种态度。

① 认同和服从。内在意象怎么说，自己就怎么做，仿佛回到了乖孩子的年纪，凡事都听母亲的，只不过这时听从的是母亲在头脑中的复制品。在"母亲"的指导下，自己忙忙碌碌，做了很多自己也不知道喜不喜欢的事，内心充满疲惫和无意义感。第三章中介绍的"空心化"的女儿、被控制的女儿、继承母志的女儿、反哺的女儿，以及和母亲过于紧密的女儿身上，都会有这样的态度。

② 反认同和对抗。内在意象怎么说，自己偏不怎么做。内心还会出现另外一个声音，就像叛逆期的孩子，和母亲的内在意象争执不休。这种态度最常出现在第三章第九节中介绍的对母亲感到仇恨和拒斥的女儿身上。

③ 看见并选择忽视。先认出这个内在意象："啊，这不是我妈妈的声音吗？"然后把注意力转回自己正在做的事情上："嗯，随它去吧。"就像母亲在你耳边唠叨，但你想做什么还是平静地去做了。

这三种态度，常常就是摆脱内在意象时经历的三个阶段。第一个阶段是完全受它的影响，意识不到它之外的自己；第二个阶段是意识到了自己的想法，开始和内在意象对抗。这个阶段虽然已经能做出自己的选择，但两个声音在内心交战，还是会让自己陷入内耗；第三个阶段是已经有了足够的力量感，不必再与内在意象对抗，选择了无视它。达到这种无视的状态，内在意象就会慢慢消失，就像对待一个烦人的推销员，你不理他，他自己就慢慢走开了。

第三节

关注自己的感受和意愿，学会自我满足

识别出母亲的内在意象，就是让自己清晰地意识到"那是妈妈的声音""那不是我的声音"。接下来的一步，就是要找到你自己的声音。

很多女性没有自己的声音，每次听到别人建议或读到"你应该做自己想做的事""你应该走自己的路"或"你要先弄清楚自己想要什么"之类的话时，她们总会很为难：

"我也不知道自己想要（做）什么。"

其实，从"不知道自己要什么"到"知道自己要什么"，很多时候既不是一个寻找的过程，也不是一个弄清楚的过程——这两个词都过于有作为——而是一个"在等待中关注"的过程。

自我的意愿，就像草地上的嫩芽，环境温暖适宜，有阳光和雨露时，自然就萌发出来了。如果心急火燎在地上走来走去，甚至挖开土壤搜寻，反而会破坏它的生长。

如果你想听到自己内心的声音，可以做的就是，多休息，睡足觉，做点让身体舒服、放松的事，散散步，看看风景，发发呆——或许就在最不经意的那一刻，一些想法会从脑海里跳出来，让你发现"原来我想要的是这个！"

喜欢抬杠的人可能会问："如果我发现自己就是想违法犯罪呢？"

这里需要区分两个非常容易混淆的东西：一个是内心的意愿，一个是创伤导致的欲求。

如果你去异地旅行，在市场上看到一种从未见过的水果："看起来很好吃，一定要买点尝尝！"，这就是内心的意愿；而如果你想的是"朋友圈里那些人肯定都没吃过，拍张美照晒一晒，让他们羡慕去吧！"，这就很可能是没有得到足够认可和尊重的创伤导致的欲求。同样，如果你想努力赚钱周游世界，这常常是内心的意愿；而如果你想努力赚钱，"想买什么就买什么，再也不用为钱发愁"，这就很可能是贫穷的创伤导致的欲求。

区分这一点很重要。追随和实现内心的意愿，是一种健康的自我满足，能让人更接近、更确认真实的自我，获得更多自信和掌控感。但追随那些创伤导致的欲求，会把人卷进虚幻的欲望旋涡中，离真实的自己越来越远。

第四节

哀悼过去，接受现实，踏实地生活在其中

哀悼是成长过程中必不可少的环节，它能帮助我们逐渐接受现实，并踏实地生活在其中。现实当然并不美好，但唯有扎根于这些不美好之中，生活才能真正地向前推进。

简单地讲，完成哀悼就是从情感上充分地、完整地接受一个事实：有些东西你已经失去了，有些东西你从未得到过，有些东西此生都无法得到。

哀悼的主题，可以是关于当下、过去或未来的。

在母女关系中，母亲和女儿需要完成的哀悼主题至少有以下几个。

（1）对于女儿

① 关于过去：哀悼自己未曾有过正常的母爱或快乐的童年，哀悼早年的创伤和匮乏让自己失去了很多发展机会，从而在很多方面落后于同龄人。

还没有开始这种哀悼时，女儿常对自己的童年经历、创伤和匮乏闭

口不提。如果因为一些症状不得不前来寻求心理咨询，她们也可能在咨询一开始就表达出这样的态度：

"我的家庭没有问题，父母都很正常，我成长过程中经历的不快是很多人都经历过的，没有任何特别之处。我现在之所以不好，是因为没有找到解决问题的方法。我来找你，是希望你告诉我解决问题的方法，而不是去谈论我的父母。过去的都过去了，说那些毫无意义。"

这种态度当然是无法解决问题的，它排除了探索根源的可能性，寄希望于在头脑中搭建一个脱离背景的方法系统，结果，建立起的不过是一个空中楼阁，最终发现"道理我都懂，就是做不到"。

很多人不愿承认自己"家庭有问题"，认为"家丑不可外扬"，家庭和父母常常被过度"免责"，孩子则不论早年遭遇多少摧残和不幸，成年时都会被教育说："父母养你不容易，现在你已经长大了，应该为自己负责了。"成长史被一笔勾销，结果成年后的孩子在面临巨大压力时，常常痛苦地拷问自己："为什么别人能做到的，我就是做不到？！"

成长的第一步是接受自己的心理残缺，接受自己的家庭可能被别人视为"异常"。

② 关于当下：哀悼母亲并没有能力完成一些重要的"母职"。哀悼自己的世界中的确存在一块"废墟"，等待艰难地重建。

和现实中无能的母亲相对应的，是对于"全能母亲"的幻想。它是共生幻想之外，另一个常见的、对母女关系和亲密关系造成影响的幻想。它指的是，幻想母亲无所不能，可以满足自己所有的需求。这种幻想投射到亲密关系中，会变成对伴侣不切实际的期待。比如有的年轻女孩梦想自己的伴侣高大、英俊、富有、健康、温柔、体贴、忠诚、聪明……或者幻想自己的伴侣又会赚钱又能顾家，又会理财又能下厨……这些幻想，本质上都是幻想一个无所不能的"母亲"来满足自己所有的需求。

现实中当然既没有这样的母亲，也没有这样的伴侣。相当多的母亲不知道怎样做好母亲，相当多的伴侣也是生涩的新手。女儿如果能接受并哀悼母亲在某些领域的无能为力，或许就不会对伴侣有不切实际的要求。

③ 关于未来：哀悼这样一种可能性——自己此生再也不可能得到那些未曾得到的母爱，人间最美好的东西，自己可能永远无法知道是什么滋味了。

童年缺失的母爱，是有可能在成年后得到替代的。具体在什么地方、以什么样的形式找到替代，会在本章第七节中详细描述。

但我们需要清楚，有可能发生的事并不一定会发生在我们身上。中彩票的概率和被雷劈到的概率差不多，但乐观的人往往会放大自己中彩票的可能性，从不去想自己可能被雷劈中，悲观的人则相反。

同样，在生活中，乐观的人会倾向于拒绝哀悼："我一定能得到自己想要的。"悲观的人则过早放弃希望。

有的鸡汤文会说"美满的家庭就看你会不会经营""做到下面五点就能找到灵魂伴侣""想和父母好好相处，这三招就够了"；反鸡汤文则说"100% 相互信任的关系并不存在""无条件的爱只是一种幻想""不要去考验感情，它经不起"。

鸡汤文让人怀有不切实际的希望，而反鸡汤文通过宣布"你想要的东西其实并不存在"，的确可以让人放松一些："反正所有人都得不到，那我得不到就没那么难受了。"但这也并非生活的真相。

其实美好的东西的确存在，而且既不罕见，也不总是稍纵即逝。有些人不费吹灰之力就得到了，还能拥有很长时间。这才是更难让人消化的现实：它在那里，但也许你无法得到，这和你努力与否毫无关系。

接受这一点，意味着接受自己是个凡夫俗子，命运既无理由对你特别垂爱，也没必要偏偏跟你过不去。它可能一不小心把你"扔进垃圾桶"然后完全忘记，也可能一时兴起"给你个大礼包"，这世上有相当多的东西是你无法掌控的。

女儿如果不能接受终生得不到母亲的爱的可能性，就会有意无意地对母亲抱有期待。比如自己学了心理学以后，给母亲发一些心理学文章，希望母亲能有所反思和成长，不时打电话和母亲沟通讨论，甚至花钱送她去参加心理学的课程和工作坊——这种劲头，像极了多年前母亲无法接受女儿是一个平凡的孩子，课余时间带着女儿奔波于各种培训班之间的情景。

还有一些不接受这种可能性却没有觉察到的女儿们，对亲密关系怀有不切实际的幻想。她们期待对方能照顾自己、关心自己、保护自己、养育自己、积极回应自己、认可自己、鼓励自己……对照第二章的内容不难发现，她们就是在期待伴侣能提供"母职"。

这并不意味着我们不能在亲密关系中寻求母爱的补偿。并不像有人说的那样：如果你期待伴侣完成你父母没能完成的事，那这段关系很可能失败。

我在一些持久稳定的亲密关系中见到的并不是这样。如果说亲密关系一定存在什么"秘诀"，那恐怕是"平衡"。索取太多本身不是问题，如果索取的同时也给了对方很多对方需要的东西，关系仍然可能是平衡的。

内心世界同样需要平衡。我们需要既不放弃，也无执念，向外追求自己想要的，得不到时及时回到内心接纳并哀悼。

（2）对于母亲

① 关于过去：自己生命中有些东西的确错过了，不论是关系，还是个人发展。错过的东西不可能在女儿身上实现。

反哺关系中的母亲，需要哀悼自己没有得到足够的母爱，这一部分既不可能，也不应该让女儿来弥补。希望女儿实现自己人生目标的母亲，则需要哀悼自己错过的发展机会。

② 关于现在：养育是一个逐渐走向分离的过程，女儿从最早"是自己身上的一块肉"，到最终完全成为一个独立的人，每一天都在渐行渐远，这个过程是不可逆的。

理想的母女关系最终的结局就是分离，不是"母亲养大了女儿"，而是"女儿借助母亲的养育成为她自己"。在这段旅程中，母亲的主要角色是一个"工具人"，工具人的学习和体验当然有乐趣和成就感，但其本质仍然是工具。

母亲出于本性自愿拿出自己生命的一部分去成就女儿，但这并不意味着做母亲就要把自己献祭给养育工作，而意味着，当母亲兢兢业业地完成这项工作，女儿终于能够独立的时候，应该庆祝一番：从此母亲又可以自由自在，为自己而活了。

养育是捐赠，而非投资。母亲越早接受这一点，越能平衡自己和孩子的需要，而不至于过度付出，心生怨念，让孩子背负情感债务。

③ 关于未来：女儿不会成为自己期望的样子，她将成为另一个人，而不是母亲生命的延续。母亲也总有一天会从母职"退休"，承担起为自己的生活赋予意义的责任。

哀悼这一主题要求母亲直面死亡和存在，并回到自己的真实身份——母亲只是在生命的某个阶段承担了"母亲"这一角色。此前，她是她自己；此后，她还是她自己；在此期间，她也"部分地"是她自己。

职业无法成为一个人生命的全部意义，"母职"自然也不该成为女性生命的全部意义。如果她需要在死亡面前为自己的生命找到一种延续在这世上的感觉，也不应该将其寄托在自己孩子身上。过度延长自己承担母职的时间，也就回避了生命中其他重要的内容。

在这个意义上，对母亲而言，要走出不健康的母女关系，不妨考虑直接淡出女儿的生活。如果觉得自己的事业和爱好被耽误了，可以重新捡起来；如果不满意和丈夫的关系，可以积极调整或选择结束关系……即便没有这样的向往，放下做母亲的辛苦，停下来休息休息也是好的。

有的母亲觉得女儿还不够强大、不够有能力，自己不能放下不管；有的母亲觉得自己年轻时没有好好照顾女儿，现在自己有了时间和精力，正可以补偿一下。

其实，不论女儿早年是怎么度过的，成年之后，最能帮助女儿成长的人，通常就不再是母亲了。她有老师，有朋友，有偶像，有自己喜欢的书，有学校，有各种活动……这些更能影响她。

母亲可以做的，就是支持女儿去找到适合她自己的朋友、老师、学校、书本和活动，接下来，女儿的成长就会自然而然发生了。

如果母亲觉得自己和女儿以往的不健康相处模式可能会给女儿带来负面影响，那么，帮女儿找一个心理咨询师也许是个好办法——专业的事交给专业的人去做。

当然，这又是一个需要母亲哀悼的主题：如果自己过去在母亲的位置上做得不够好，只能接受这一点，而不是打着补偿女儿的旗号去入侵她的生活，那样只会给女儿带来更多困扰。一些年轻时忽视女儿的母亲，到了中年突然醒悟过来，觉得亏欠女儿太多，想要弥补女儿，于是开始像关心小孩一样关心已经成年的女儿"早饭吃得有没有营养""天冷了有没有穿秋裤"……这样的母亲只是在满足自己，用这些付出来平复自己的内疚感，而不关心女儿是否真的需要她的关心。

母职是随着女儿的成长渐渐收缩的，到后面，母亲只需要"在那里"就够了：保持开放、宽容、接纳和淡定，让女儿在遇到问题时可以毫无负担地打电话和母亲商量、向母亲倾诉，而不用担心母亲会大惊小怪、过度担忧、评判或指责她。

如果成年的女儿不再需要母亲（哪怕只是在赌气），母亲也有必要尊重女儿的这一选择。

知道了需要哀悼的主题，那么"哀悼"这件事到底是怎么进行的呢？这方面有非常多的心理学图书和文章可供参考，在此我只想补充一点。

"哀悼"这件事，在不同状态的人身上可能有不同的表现，但如果你是个"哀悼新手"，那么哀悼常常就是大哭一场，甚至是"长夜痛哭到天明"，然后发现，自己好像放下了些什么。

第五节

了结过往恩怨：
表达并化解对母亲的愤怒等负面感受

很多人在面对过往恩怨时，常常是相当无力的，出于脆弱的自尊，这种无力又多被一些陈词滥调所掩盖。

如果村里一位老奶奶对你讲述她为什么和另一位老奶奶有过节儿，故事可能追溯到她们小时候甚至上一代。但如果你耐心听完她的一肚子苦水并为此愤愤不平，她又会反过来安抚你：

"过去的事就让它过去吧，想来想去有什么用呢？人要学会向前看。"

"人生在世，难得糊涂。"

"退一步海阔天空，做人不能太钻牛角尖。"

在关系中，不解决好过去留下的问题，双方就很难轻松、自然地往前走。许多母亲在养育过程中，都有意无意、或多或少地给女儿造成过伤害，许多女儿也都或多或少对母亲怀有各种各样的负面感受。一些女儿能意识到自己这些负面感受（比如第三章第九节中对母亲感到羞耻和憎恨的女儿）；但在更多女儿内心，往往压抑着大量对母亲的愤怒、不满和恶意。

随着自我探索的深入和对母女关系的更多了解，这些负面感受可能会一一浮现出来，这常常让"乖女儿"们惊慌失措，当她们发现自己心中竟然深藏着对母亲的怨恨和恶意时，自己会十分不安，希望尽快摆脱这些感受，重新变回"乖巧""懂事""孝顺"的女儿。

那么，该怎样处理这些感受呢？

首先当然是要接纳它们。所有负面感受的出现都是有来由的，它也在提醒我们有些问题还没解决。

其次要做的，是按照来由的不同进行不同方式的应对。这里，我把这些感受按照来由的不同分为两类。

第一类负面感受，是在几乎所有亲子关系中，哪怕那些非常健康的亲子关系中也会出现的。比如，几乎所有孩子都曾因为父母不愿满足自己的某个愿望而心生怨恨。这是成长中无法避免的感受，即便最有能力、最宠爱孩子的父母，也不可能把天上的月亮摘下来给孩子。

第四章第四节中也提到，一些由单亲母亲抚养大的女儿，往往会（有时是潜意识）对母亲有更多怨恨。她们嫌母亲这没做好、那没做对，同时对那个偶尔出现甚至从未谋面的父亲怀有很多美好的想象。这种想象的中心思想就是："如果这时候爸爸在，他一定会做得比妈妈好。"

一位整日忙于家务和工作的单亲母亲，很可能没有心情和孩子好好说话；而几个月出现一次的父亲，只需凭借一点零食和玩具，以及几个小时的简单陪伴，就能让孩子的世界亮起来——这对母亲来说是不公平的。

但这就是孩子真实的感受：母亲成天愁眉苦脸，父亲却能带来快乐！

在这些例子里，女儿对母亲的负面感受，如果自己能消化，而不是向母亲发泄，恐怕是最好的。

女儿对母亲的第二类负面情绪，则的确是因为母亲严重"失职"造成的。比如把女儿培养成反哺自己的小大人（第三章第七节），拉拢女儿一起打压父亲（第四章第三节），剥夺女儿应得的资源来宠溺儿子（第四章第六节），等等。

这些都是真实存在的伤害，但很多长年遭受这些伤害的女儿，反而觉得母亲很可怜，对自己也很好，当她们潜意识里对母亲的负面感受偶尔浮现时，也会被自己立刻压抑下去。这种情况下，女儿最好把相应的负面感受表达出来，以此为契机和母亲"了结过往的恩怨"。

不过，这两类负面感受之间并没有明确的界线，有时很难判断到底属于哪一类，容易让人感到迷惑。比如，母亲在并没有影响自身"母职"的情况下婚内出轨，女儿对此产生的负面感受，是否应该由母亲来负责呢？

我们也许会认为这是父亲和母亲之间的问题，只要母亲还在负责任地养育女儿，女儿因此产生的负面感受就是一个需要在自己内心进行探索和消化的"心理问题"，而不应该由母亲来承担责任。

这类处在"灰度"上的场景，恐怕只能由当事人自己来判断了。当事人做出的判断有可能让自己后悔，但这就是关系：既定的标准很少，我们只能在来回试错中渐渐接近"对"的东西。

好在关系往往有一定容错性，如果女儿因为误会了母亲而大骂她一顿，事后诚恳地向母亲道歉，通常情况下母亲是能够谅解女儿的。

那怎样才算是了结母女之间的过往恩怨呢？

我们需要把"恩"和"怨"分开处理。

人们喜欢把"恩"和"怨"搅和在一起，成为一笔"糊涂账"。典型的话术就是："你看他也有对你好的时候，所以你就不要跟他计较了。"

恩和怨，就像金钱的收入和支出一样，是可以量化衡量的，虽然无法像数字那样精确，但当它偏离平衡太远时，你的情绪和情感会对你有所指引。好比一位顾客到你开的饭店里摆了一桌宴席，并留下一百元小费，之后就要每个周末进来吃一顿霸王餐，赊账不付，到了第三、四个周末，你内心会产生难以抑制的愤怒，觉得他已经过分了。

如果你的性格比较软弱，也许会说："之前的一百元小费我不要了，还给你，后面这几顿饭钱你可得给我结清！"

如果你的性格比较强势，也许会说："之前给小费是你自愿的，又不是我跟你要的。既然是自愿给的那就是我的，后面这几顿饭钱你得另外付清！"

两种做法都可以。

把这样的原理应用到持续了十几年甚至几十年之久的母女关系中，会是一项浩大的工程，而且也不可能得出数字般精确的结论。但这个过程很重要，它让双方都能表达自己的委屈和不公平感，让关系中独自承担的部分被看到，幸运的话，甚至能达成双方相互体谅，握手言和。

和所有的讨价还价一样，处理恩怨的过程中也可能出现分歧、不信任、失望、丧气，会有更多压抑的情感爆发出来，火上浇油，引发冲突。但如果能顺利经历这个过程，母女关系会变得更真实、更深刻。

具体来看，"恩"需要感谢和回报，"怨"则需要澄清、承担、道歉、补偿和改变。父母总是期待被儿女感恩，而很难发自内心地接受儿女的怨恨。但在亲子关系中，就像其他所有事情一样，当父母做到的时候，孩子才更容易做到。

不过需要注意，了结母女恩怨的前提，是双方都愿意了结这些恩怨，从而把关系继续下去。有的女儿对母亲已经心灰意冷，有的母亲不愿意反思自己的问题，这时"了结"恩怨几乎是不可能的，关系也许会走向彻底决裂。

害怕分离或恐惧被抛弃的人听到这种可能性也许会不安："毕竟是母女，怎么能决裂呢？"但他们常常是多虑了。个人先于关系，如果有些问题解决不了导致关系无法继续，那也不必勉强，各自过好自己的生活就行。

另一方面，母亲也可能对女儿产生很多负面感受。处在育儿和各种身心压力下的母亲，会觉得女儿是她的"小冤家""前世的债主"，甚至产生伤害或遗弃女儿的想法。但我们不能因为这些感受的出现而认为"女儿伤害了母亲"，不能把婴儿的反复哭闹看成"对母亲恶意折磨"，也不能把成年女儿的独立愿望看作是对母亲的"违逆""背叛"或"抛弃"。

很多母亲在心理层面还是"没长大的孩子"，但我们在这里的确要使用"双重标准"，把更多的责任放在成年人身上，而非孩子这边。这是一个既定前提，不需要进一步讨论，因为唯有成年人承担起对孩子的责任，人类才有可能生生不息。

第六节

各归各位，建立并遵守人际边界

前面讲过的母女关系的许多不健康模式，不论是过早反哺，还是内疚感控制；不论是联手抗"敌"的母女，还是重男轻女的母亲，对女儿而言，其中大部分问题，都可以通过建立并捍卫自己的边界得到解决。

所谓边界，就是我和你是独立的个体，我们有各自的感受、观念和愿望，谁也没有义务为对方负责。它就像你和邻居的小菜园之间的一道篱笆，它的存在时时提醒着你们：这边是你的地盘，那边是他的地盘，你种什么菜他管不着，他那边结的果子你也不能摘。

边界意识常常会对人际关系习惯形成挑战。很多人不仅没有捍卫自己边界和尊重对方边界的意识，反而常有种想要模糊或推翻边界的意愿。比如喜欢说："我们是一家人啊……""我是你妈啊……""你是我女儿啊……""我们哥俩谁跟谁啊……"，后半句话，经常就是在入侵对方的边界，不是占对方的便宜，就是侵犯对方的自由，比如："我们是一家人啊，你还跟我计较这点？""我是你妈啊，你不该听我的吗？""你是我女儿啊，我不操心你操心谁？"——仿佛笑嘻嘻地推倒这道篱笆，接下来想怎样就怎样了。

人际边界的意义，是保护彼此的自由和利益不受他人侵犯，当然，更多时候，它是在保护弱者不受强者的侵犯。

母女关系中如果没有边界，女儿就不得不一直和母亲"粘连"在一起，母亲给什么自己都得接受，母亲要什么自己都得付出。

怎样确立母女关系边界呢？主要有两个方面。

① 要对任何模糊边界、侵犯边界的话语和行为有所警惕，比如前面讲的"因为我和你有什么关系，你就应该怎样"，或者"我做什么都是为你好"之类的表达。

再比如，有的母亲会偷看女儿的日记、不经女儿同意就随意处理她的东西，还有那些要求女儿过早反哺的母亲和经常使用内疚感控制女儿的母亲，常常会暗示女儿"你应该为我的感受负责，现在我难受了，所以你就应该服从我，或者照顾我。"

遇到这些情况，一定要仔细思考，对方的说法和做法是不是合情合理，自己是不是认同这样的逻辑。

② 要用行动捍卫自己的边界。

很多被母亲侵犯边界的女儿会哀叹："我反反复复和她讲道理，可她就是不听啊！"——这种说法恐怕忽略了人际关系方面一个非常重要的常识：喜欢讲道理的人往往没有权力，真正掌握实权的人则不大喜欢介入道理的讨论，甚至对道理压根儿不感兴趣。

所以女儿要想捍卫自己的边界，往往需要用行动来达成。这种行动也许是争吵、拒不合作。在没有边界感的家庭中，确立边界的过程常常都是剑拔弩张、火药味十足的。但这是一个必经的过程，无法回避。

仍然沉溺在母女关系的粉红色幻想中的女儿们，看到这里可能会有些生气："怎么能把母亲当作不可理喻的动物呢？"

别忘了，你自己在成长过程中，也有相当多时刻被母亲当作不可理喻的动物。为了让你学会走路，她拿你喜欢的玩具在前面吸引；为了鼓励你好好学习，考出好成绩她就给你买喜欢的玩具，考试不及格就要罚你周末在家写作业，不能出去玩……如果没有把你当作不可理喻的动物，她怎么才能把你拉扯过叛逆的青春期呢？

第七节

寻找母爱的替代：找机会把自己重新养育一遍

很多借助心理学了解了童年创伤的人都有这样一个疑问：

"是啊，我就是缺少母爱，母亲在我小时候无法完成某种母职，导致我现在是这个样子。然而这些事已经过去了，我还能怎样呢？能时光倒流让她把我重新养育一遍吗？"

时光不能倒流。不过弥补童年缺失的一个通用方案，的确就是找到机会把自己重新养育一遍。优质的人际关系或心理咨询能给人带来深刻持久的改变，也正是这个原因。

让我们回到第二章介绍的母职的十个部分：生命之源、养育者、依恋对象、保护人、第一响应者、调节器、镜子、啦啦队队长、导师、大本营。

来看看哪些人际关系可以弥补母职，它们各自能弥补哪些部分。

● 亲密关系

很多女性也许没有意识到，她们对亲密关系的渴求很大程度上就是在弥补缺失的母爱。她们希望伴侣对她们予以照顾、保护、及时响应、认可和赞许，安抚和调节她们的情绪，同时希望伴侣温柔、体贴、有耐心、有责任感、有同理心……这其中的很多品质，其实就是"好妈妈"的品质。

每个人都试图在亲密关系中满足自己的需求，女性当然也可以在亲密关系中寻求缺失的母爱。但男性在成长过程中，被培养或鼓励的特质更多的是积极进取、冒险、竞争、自我要求、承受压力、攻击和掠夺，而不是当"好妈妈"。女性如果希望在他们身上找寻母爱的补偿，很容易感到失望。

● 其他女性长辈

在一些善良、慷慨的女性亲戚那里，你也能得到一些母爱的补偿。她们会给你做好吃的，听你倾诉，帮你想办法，为你撑腰，鼓励你……

但你要调整好对她们的期待。当你看到她们对自己的孩子比对你更好时，可能会感到刺痛，觉得不公，甚至激起一种"同胞竞争"的情感。这时有必要提醒自己：你毕竟不是他们的孩子，他们对你再好，也不会像对他们的孩子那样好，但就是这些好，也已经超出了普通亲戚水平。当你衡量和他们的关系得失时，需要站在真实的位置上，而不是潜意识地将自己想象成他们的孩子。

● 孩子

第三章第七节中讲过，母亲不能在孩子身上寻找母爱的补偿，这对孩子来说是不公平的，也会影响孩子的健康成长。

● 朋友

朋友可以提供一定的及时回应、情绪安抚、镜子、赞许等功能。友谊是相对轻松的人际关系，可进可退，也没有太多压力和负担。但同时，能提供的母爱补偿也是有限的、不稳定的。

● 上司、前辈、优秀的长者

这类人不太容易亲近，他们通常能提供的母职角色包括镜子、导师、保护人和大本营。他们有时能给你真实、坦诚的反馈，提供人生选择或职业发展上的指导；如果遇到紧急情况，也可以从他们那里获得帮助。

只不过，对年轻男孩来说，从男性长者那里获得支持和帮助，是比较常见的，而对女孩来说，有能力、有意愿做到这些的女性长者则比较少见。而女孩向男性长者求助又会带来一定风险：一些男性长者并不愿意白白给予"替代性的家长之爱"，他们希望从中获取回报，以满足自己的欲求。

● 保姆

这个朴实、低调的角色很容易被忽视，其实她们是提供身体层面养育替代的最佳人选。如果你想有一个妈妈，充分尊重你的边界，不干涉你的私事，也不唠唠叨叨，却能在你上班时把家里收拾干净，又能让你下班回来就喝上一口热汤，她的存在还能让你有一种"家里有个人"的安心感，这种情况下，家里有一位保姆阿姨再合适不过了。甚至在你怀孕分娩坐月子的时期，如果不希望妈妈再卷入你的生活，又需要经验丰富的女性帮助，月嫂也是一个很好的选择。

● 心理咨询师

心理咨询师是为来访者提供"情感层面的再养育"的专业工作者，她们能够关注、调节、承载来访者的情绪，做她的"镜子"让她看到真实的自己，为她的进步喝彩，有时也阶段性地做她的"依恋对象"。来访者有问题时可以随时去找咨询师，从这个意义上，也算是"大本营"。

如果你没有得到过好的养育，也没有人可以帮你，你也可以自己把自己重新养育一遍。

（1）生命之源

如果你知道自己是领养的，或者出于某些原因，你没有办法或不愿意对母亲产生"生命之源"的感觉，又在这一点上觉得空落落的，那么替代方案之一是多接触大自然。

大自然是一切生命的来源，是所有母亲的母亲，就像我们所说的"自然之母"，当你感觉到和她的连接，感觉到她对你无声的支持和养育，感觉到这种亘古以来就存在的默默的爱意，也许你就能找到生命之源的感觉。

（2）养育者

你有没有好好"养育"自己呢？你爱自己吗？会好好照顾自己的身体需求吗？会给自己做好吃的吗？会注意营养吗？会锻炼身体吗？会在疲劳的时候及时休息吗？

加班时吃个泡面充饥，晚上两三点睡，为了减肥每天只吃一餐，穿着单薄的衣服过冬——如果你难以判断这些算不算是"没照顾好自己"，不妨想象，如果你是自己的母亲，会不会心疼、难过、担忧？会不会想再为自己做点什么？

（3）依恋对象

如果没有一个人可以让你依恋和完全信任，也可以把这一功能拆分给好几个人：一个可以分享成功的亲人，一个可以释放职场压力的同行，一个可以聊聊日常琐事的朋友，甚至一个可以让你放松的空间，比如咖啡馆、公园等；或者是一个可以在精神上释放自己的"世界"，比如日记本、某个网络社区等。

（4）保护人

保护自己的能力非常重要，这个职能由自己来完成是最好的。不要期待别人来保护自己：在那个强大的保护人出现之前，或当保护人没有陪在我们身边的时候，危险可能已经降临。

我们需要保护自己的，不只是人身和财产安全，还包括不被他人侵犯边界，不在关系中遭受他人的霸凌和伤害等。

如果小时候家人没有保护好你，成年后的你很可能也不知道怎样保护自己。保护自己，需要不断探索、学习和练习，甚至要经历很多次试错。但一个健康的母亲，不会因为不知道怎样保护自己的孩子就放弃她，相反，她会在内心下定决心要好好保护她——这种决心，是你需要自己给自己的。

（5）第一响应者

做自己的及时响应者，就是对自己的需求保持敏感，听到内在发出喊叫时，立刻去关注它。就像对孩子一样，即便不知道她为什么喊叫，也不知道自己该做什么，只要你第一时间赶到，并持续地关注它，就能给它带来一定的安全感，让它知道有人重视它，愿意帮它解决问题。

一位好母亲，会把孩子的需求排在其他事情之前。比如有人问，如果几件事情同时发生，比电话响了、门铃响了、孩子哭了，你会先解决哪一件？好妈妈无疑会先去抱孩子。

熬夜加班赶 PPT 时，你会听到身体里的喊叫、哀叹、哭泣吗？你会关注这个声音需要什么？还是呵斥它安静下来不要打扰你的工作？你会把自己的舒适、健康和发展放在第一位？还是更看重别人对你的看法和社会对你的评价？

（6）情绪的承载和调节者

很多人遇到负面情绪时，喜欢用各种办法转移注意力：看电视、刷手机、投入工作、吃东西……这种应对情绪的思路，很可能源自母亲养育你的过程中应对你情绪的方式。

很多母亲并不真正应对孩子的情绪，她们常常只是想尽办法让孩子的情绪表现消失。比如看到孩子哭，她们可能没有耐心或兴趣去了解孩子为什么哭，而是想"怎样可以让孩子不哭"：给他颗糖、拿玩具哄、大声呵斥，或直接打他。

如果你儿时也是这样被母亲对待的，现在你就需要换一种方式对待自己了，你可以试着去寻找适合自己、可以直面、承载和调节情绪的方式，比如冥想、正念、瑜伽、呼吸练习、写日记等。

（7）镜子

如果没有人能镜映你的感受，你可以通过写日记并反复阅读以往日记来确认自己。虽然人很难对自己有精准的"自知之明"，但也并非总在错误地感知自己。通过记录并比较不同时刻对自己的感知，你会慢慢发现真实的自己。

需要注意的是，仅仅记录生活事件的日记可能很难帮你做到这一点。更有用的记录内容是你的身体感觉、情绪感受、观点看法、梦境、幻想，以及对它们的反思。

（8）啦啦队队长

成功的时候，你是否会在心里欢呼雀跃并夸赞自己？遇到困难的时候，你是否会在心里鼓励自己、为自己打气？

如果你还没完全摆脱他人的内在意象，成功时你也许会故意克制激动的心情，对自己说"谦虚使人进步，骄傲使人落后"；遇到困难时则斥责自己"这点事都解决不了，你还能干什么？"

要让你的啦啦队队长被听到，有必要先让这个丧气的声音退到角落里。具体方法，可以翻回本章第二节复习一下。

摆脱了这个内在意象，你就可以试着做自己的"啦啦队队长"了。也许一开始你会觉得有些别扭，因为从来没有人为你欢呼过。但只要稍加练习，你很快就会喜欢上这个角色。

（9）导师

如果你找不到一个具体的人来承担这一职能，你也可以找一本书。人最好的导师，其实就是自己勤学好问的品质。

（10）大本营

如果没有一个人可以做你的"大本营"，可以尝试把"大本营"的功能拆分开来分散到各处，比如：

● 做好财务规划，以备不时之需。

● 积累一定的财产，让自己有安全感。

● 为自己买好保险，应对意外事件。

● 做好人生规划，考虑好未来的人生各阶段可能会遇到哪些困难，提前准备好应对方案。

● 找到一些你待在其中会感到平静、安心，甚至有归属感的场所，比如某个古迹、图书馆、一片林中草地、某个水边的亭子……可以在你需要时前往。

第八节

调整人际关系地图：不要和母亲生活在一个孤岛上

如果把生活中每个人和你的亲密程度具化为"距离"，并在一张图上表示出来，就可以得到你的"人际关系地图"。这张图会随着我们的成长不断变化：一些人离去，一些人加入，一些人更亲近，一些人则变得疏远。如图 6-1 所示。

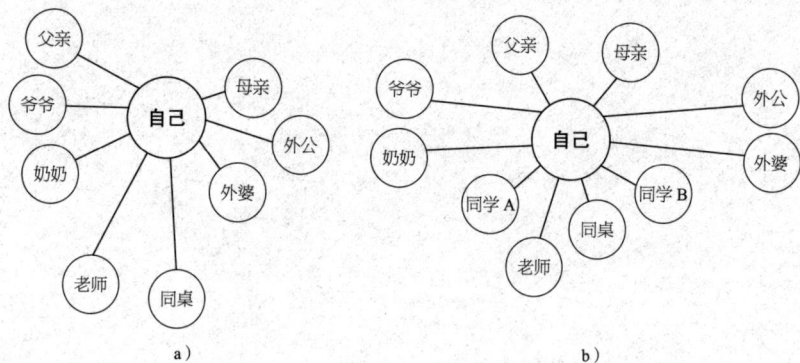

a)　　　　　　　　　　　b)

图 6-1　人际关系地图

如果这两张图是同一个人在不同人生阶段的人际关系地图，你能猜出哪张在前、哪张在后吗？

尽管其中的人物构成几乎一样，图 6-1a 更像一个人小时候（比如幼儿园或学前班）的人际关系地图，图 6-1b 则更像他在初中时代的"人际关系地图"。

等他到了中年，他的人际关系地图则可能变成图 6-2 这样：

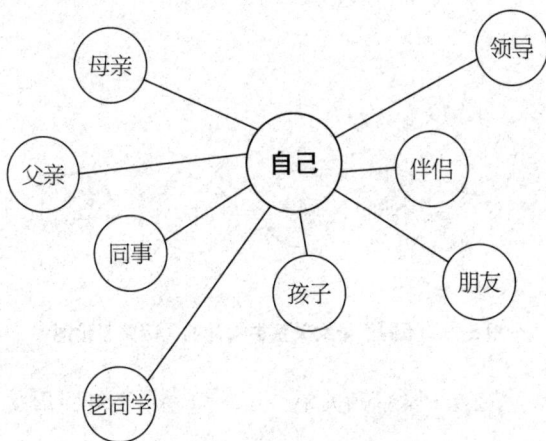

图 6-2　中年时期的人际关系地图

可以想象，随着年龄的增长，父母在这张图中所体现的亲密程度是日渐降低的。

但在大多数不健康的母女关系中，母亲和女儿的亲密程度并没有随时间拉开距离的迹象。简而言之，不论母女之间多么相爱相杀，她们始终是对方心里最在意的那个人。女儿的人际关系地图可能一直像图 6-3 这样。

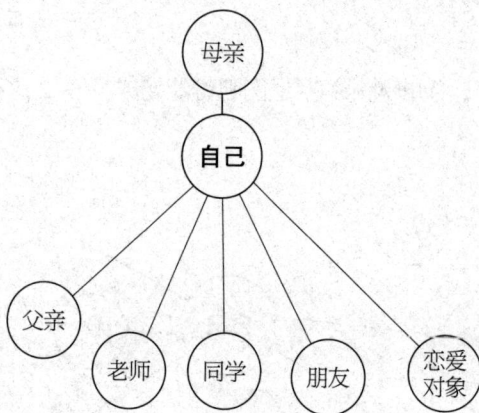

图 6-3　不健康母女关系中女儿的人际关系地图

这种停滞不前的过于紧密的关系，其本身也是不健康母女关系模式的温床。

你也可以试着画一下自己每个阶段的人际关系地图，看看你和母亲是不是一直靠得太近。

然后可以结合自己当前的人际关系地图想一想：

● 这张地图丰富吗？还是显得有点冷清？

● 如果这张地图有点冷清，你希望把谁加进来吗？

● 怎样让上一节提到的那些可能提供替代性母爱的人加入这张地图，并让他们靠近你，从而让自己处在支持性人际关系地图中（图 6-4），而不是像图 6-3 表示的那样，仿佛和母亲生活在一个孤岛上。

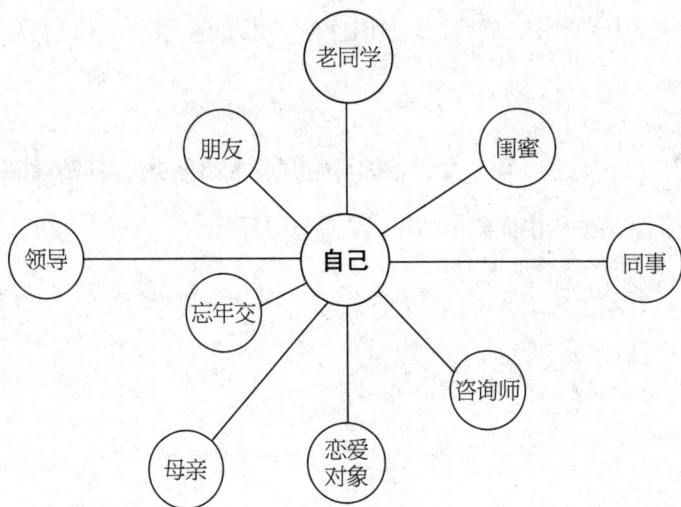

图 6-4　支持性人际关系地图

修改你的人际关系地图是一项浩大的工程，可能需要几年时间。你不必急于求成，勉强自己去建立和维系很多也许并不必要的关系，只需朝这个方向慢慢努力就好。有一天，当这件事真的完成时，你自然会发现，自己和母亲的关系已经不会给你带来那么多困扰了。

如果你是母亲，本节介绍的原理同样适用。你可以画出自己人生不同阶段的人际关系地图，看看是不是自从生下孩子，你的人际关系地图就开始收缩了？同学、同事、朋友、师长是否都渐渐离你远去，从"地图"上消失了？丈夫是不是退到了一个不远不近的地方，剩下你和孩子紧挨着待在地图中心？这样的图景已经持续很多年了吗？

是时候修改它了。除了女儿，你希望哪些人离你更近些吗？如果你和他们靠近些，也许你和女儿都会感觉更舒服。

第九节

无畏竞争、取胜、掌权和建立新规则

传统文化中的女性，有一些共同的性格特质，会间接影响母女关系的品质，比如害怕冲突和竞争，不喜欢取胜或表现得优秀，常常自愿成为既有规则的服从者，而不想去建立新规则或监督规则的执行。这些特质不仅让女性在社会上表现得较为退缩，也让她们在家庭关系中倾向于忍气吞声，忍辱负重。

面对很多现实生活的挑战，母亲能否用一种更主动、更开放、更有力量的方式应对，常常决定了她能给母女关系带来一个怎样的生态环境。下面这些判断，虽然并不绝对，但在很多实例中是成立的。

● 如果母亲有事业，她往往就能在家庭里有更多话语权，对其他成员的不健康依赖会更少，不安全感更少，更有能力保护孩子，对孩子的控制欲也会更弱。

● 如果母亲及时结束伤害性的婚姻关系（比如家暴、情绪虐待等），女儿受到的伤害也会更少，而母亲把压抑的负面情绪无意识地发泄在女儿身上的可能性也更小。

● 如果母亲经常能感受到自己的力量和对生活的掌控感，就不太会对女儿使用"内疚感控制"这种伤害性的方式。

● 如果母亲有家庭地位、有闺蜜、有高品质的人际关系和社交生活，就不太会把女儿紧紧捆在身边。

● 如果母亲能满足自己的需求，充分照顾好自己，就不会期待女儿来"反哺"她。

● 如果母亲能追求自己的理想，就不太会把没有实现的愿望寄托在女儿身上。

● 如果母亲更有能力、更有眼界，就更可能平等对待儿子和女儿。

● 如果母亲不害怕冲突和竞争，不过度压抑自身的攻击性和愤怒，也许就不会坐在受害者的位置上道德绑架他人。

● 如果母亲不被"贤妻良母""忍辱负重"的性别刻板印象所束缚，必要时拿出魄力去建立新的家庭规则，就有可能及时结束不健康的家庭互动。

当然，这些都是理想的情况。现实中，当社会对女性和儿童的保护、照顾不足时，母亲就会面临来自方方面面的更多压力。做母亲是世界上最艰难的事。但在母女关系中，如果母亲希望改变现状，就应该指望自己，而不要去指望女儿。

在这一方向上取得显著进步的母亲，也将成为女儿最好的榜样，让她在面对这个危机四伏的世界时更有勇气和信心。

尾声

每一位女性都有自己的母亲。故而，本书所讨论的内容理应是和所有女性息息相关的。

但有一类女性大概不会对这本书感兴趣，如果朋友们谈起这类话题，她们多半也不会参与。因为她们心里有一个巨大、漆黑的空洞，其中布满难以言表的伤痛。如果这个"空洞"会说话，那多半是一句冷冷的："你们这都是奢侈的烦恼。"

她们就是那些很早失去母亲的女孩。

我一直想为她们写点什么，但又很难把这个话题列为本书的某一章。就像我们在讨论怎样装修自己的住所，但这世上的确有人连自己的住所都没有，夏天在桥洞里栖身，冬天在 24 小时的自动取款机前过夜。邀请他们加入关于装修的讨论，实在是件残忍的事。

那些很早就失去母亲的女孩，即使幸运地得到了物质上的保障，也常常过着情感上颠沛流离的生活：这里得到别人施舍一点关注，那里获得一点支持，她们有时压抑这些需求故作清高，有时混混沌沌地任人摆布。在《红楼梦》里的林黛玉、香菱身上，我们可以瞥见这些女孩的性情和命运。

面对如此巨大的缺失，她们能为自己做点什么吗？

答案是肯定的，因为，"母爱"并不仅存在于母亲身上。

它存在于每一棵树的每一片叶子的每一个细胞里的每一粒叶绿体中，在那里，阳光、水分和空气被合成碳水化合物，为生态系统中的整个食物链提供营养，就像母亲的乳汁。

它存在于每一个舒服的枕头上，你可以用力锤打它，可以把它扔来踩去，尽情拿它撒气，之后仍然靠在它身上安睡，而它绝不计较。

它存在于每一首温柔的歌里，你可以在难眠的夜里循环播放它，就像在孩子耳边低吟的摇篮曲。

它存在于空气里，我们毫不以为意地呼吸着，完全想不到是它在分分秒秒地维持着我们的生命。

如果你躺在夏夜的草地上遥望星空，会感到地球载着你，在浩渺的宇宙中悠悠前行，就像母亲背着孩子走在乡间小路上。

母爱仿佛是宇宙自身的属性。最后的最后，当我们化为尘土时，又和它重新融为一体，一如最初的最初。那里没有思考，万物在相拥中呼吸。

后记

本书最初是应好友翟鹏霄之托，为一门女性成长课程撰写的讲稿。为了适应这一形式，我试图让它更有条理性、更"整齐"、更容易记忆。以这样的方式拆解母女关系这样一个复杂的议题，恐怕多有所失，还望读者见谅。

感谢翟鹏霄女士对我的鼓励，以及在确定内容构架时提供的诸多建议和启发。

写作本书期间，我的儿子从咿咿呀呀的学步儿，长成了人厌狗嫌的三岁"熊孩子"。感谢他让我体会到做母亲的丰富滋味。更感谢我的丈夫，承担了超过一半的"母职"，让我在工作之余还能抽出时间写作。

这一过程也让我亲身验证了本书中的说法："母职"本就不是母亲一个人的事，如果其他家庭成员能够分担这些职能，母亲也将有机会发挥出她自己作为"人"的潜力。

如果所有家庭都有其他家庭成员愿意为母亲分担养育职能，相信我们会看到更多优秀的女性和她们的作品。

最后，感谢我的母亲盛如翠。她一生坎坷，在我 23 岁时去了另一个世界。她不解的，我已想明白；她恐惧的，我已能独自直面；她不知道该怎么说的，我可以清楚地写出来。我的发展早已超出她的想象，她给我的爱里的"毒"都被我拿来练了功。如今我对她，只有感恩。

她生前常说："养儿方知父母恩。"她似乎早已理解养育的真义，没有期待我回报什么，只希望我把这份母爱和这份养育力传递下去，成为生生不息的人类历史链条上连接过去和未来的一环。

母女关系里的种种问题以及我们对这些问题的讨论，也许正是这根链条在承受外界重压时的回响，希望可以被越来越多的人看到、听到、感受到。

在尝试理解过去的经历时，可能会涌出很多负面情绪和痛苦，为了帮你更好地承载和消化这些负面情绪和痛苦，我有以下建议。

① 选择一个稳定、安静、放松、私密的环境，放下手机，用半小时以上的整块时间来阅读。这样的空间，有助于你放下防御，打开心灵，去接受这本书可能带给你的触动。

② 可以在旁边准备一本笔记本，当你受到触动时，及时把你的想法和感受记录下来。（不建议记在手机上，因为手机信息会干扰你。）

③ 跟随心灵的触动，去感受、回忆、表达。在阅读本书时，你可能被一个词、一句话、一张图片所触动，它是一条线索，可以把你带到感受层面，带到记忆深处，带到过去那些没有得到了结的事件里。你可以试着跟随它、体验它、描绘它。有时你可能会受到一种感召，要把某些东西表达出来，那就去表达，写一个故事、画一幅画、找个没人的地方嘶喊出来都可以。如果这个触动引起你幻想未来或不可能发生的事情，你可以去幻想，但要保持觉察：这只是过去的延伸和投射，要想发生真正的改变，最终还需要回到过去。

④ 让情绪自由流动。悲伤，就大哭一场；快乐，就放声大笑；无力，就安静地躺着；挫败时，不要着急让自己振作起来；难过时，不要强忍眼泪；愤怒时，不要压抑自己……试着去"承受"每一种情绪，就像大地承受每一场雨雪。生命活力的萌发，常常出现在雨雪过后的一段时间里，短则几个小时，长则几个星期。

No.

Date

"有效的心理咨询，

不是避开过去造成的痛苦，

而是承载、消化和穿越它们。"

No.

Date

绘 画 空 间

No.

Date

No.

Date

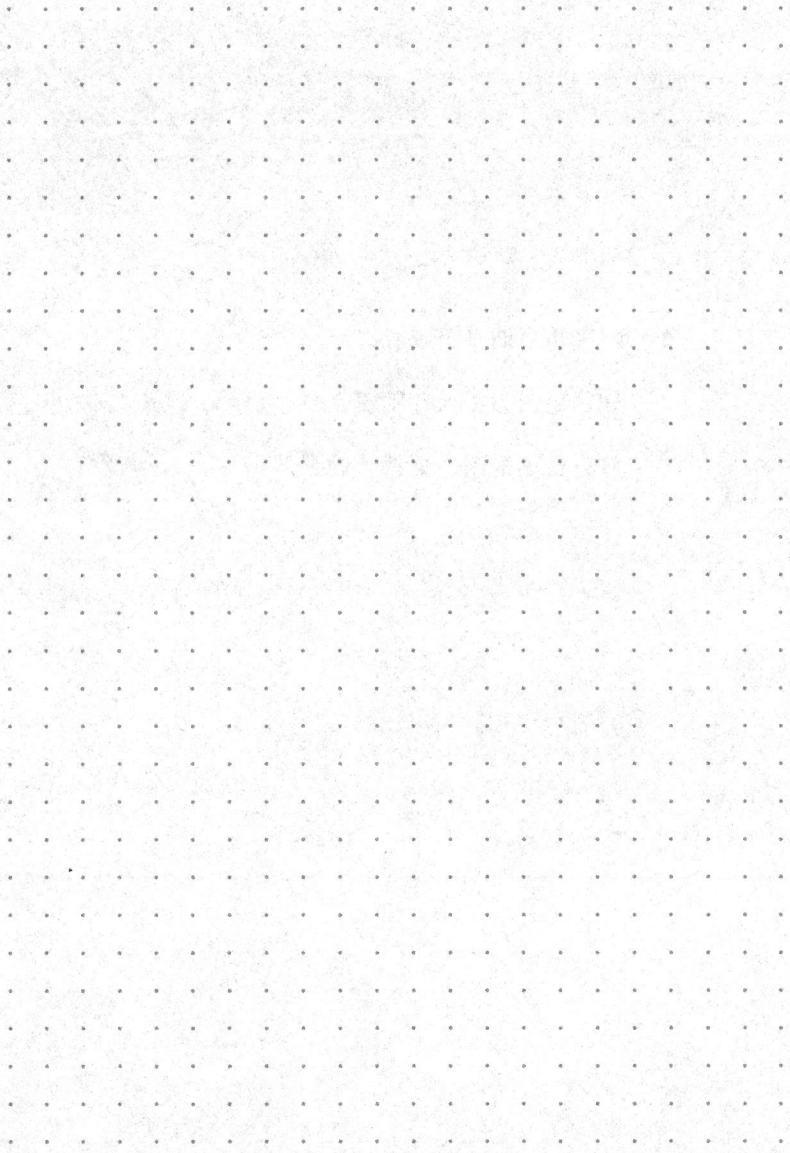

No.

Date

"来访者的真正成长，

往往是因为（或伴随着）

对自己更深刻、更持久的理解。"

No.

Date

No.

Date

No.

Date

No.

Date

No.

Date

"在关系中，认识对方不是必要的，

唯一必要的是认识自己。"

No.

Date

绘 画 空 间

No.

Date

No.

Date

看见并选择忽视。

先认出这个内在意象："啊，这不是我妈妈的声音吗？"

然后把注意力转回自己正在做的事情上："嗯，随它去吧。"

No.

Date

No.

Date

绘 画 空 间

No.

Date

No.

Date

"找到你自己的声音。"

No.

Date

No.

Date

绘 画 空 间

No.

Date

"养育是捐赠，而非投资。"

No.

Date

No.

Date